# 戰勝癌症長壽湯

日本名醫抗癌神湯！
1日1湯，輕鬆打造抗癌防老體質

佐藤典宏 —— 著

林萌 —— 譯

がんにも勝てる長生きスープ

# 前言

想活得健康且長壽，市面上也有許多關於健康長壽的飲食方法。

若有能持續每天攝取充足的營養、對身體不會造成負擔、且無須花太多時間在料理上的方法最好。

因此，身為醫師的我最推薦的是——「湯品」。

・水煮的蔬菜體積會變小，所以比起生吃，水煮蔬菜能夠吃到更多的量與種類。

・因為是湯品，即使是會溶入水中的營養素也能全部吃下肚。

・湯品可以重新加熱，所以可以事先做好，忙碌的人也能不費力地持續下去。

- 因為是湯品，所以即使是正在生病治療中而沒有食慾的人，也能容易入口。

## 湯品有很多優點。

本書以「長壽湯品」為主題，介紹含有味噌湯在內的各種湯品食譜。令人期待的**健康效果**有：

**改善腸道環境**

**提高免疫力**

**預防高血糖**

**預防生活習慣病**……等等。

每一項都是健康長壽不可或缺的效果，但是「長壽湯品」其實還有一個最重要的效果──

那就是「**降低罹癌風險**」。

現在是每兩個人中會有一個人罹患癌症的時代,而癌症也是日本人的第一大死因。

**預防癌症可以說是通往健康長壽的最佳途徑。**

雖然沒有「吃了這個就能消除癌症」的食物,但近年來,人們逐漸知道某些食物對癌症預防有其效果。根據人體和白老鼠的研究,科學已經證實了許多具有各種「抗癌作用」的有效食材。

此外,在詳細調查癌症患者飲食內容的最新研究中,發現患者吃的食物會影響癌症的治療效果和存活率。

### 飲食的質量會改變癌症患者的死亡率

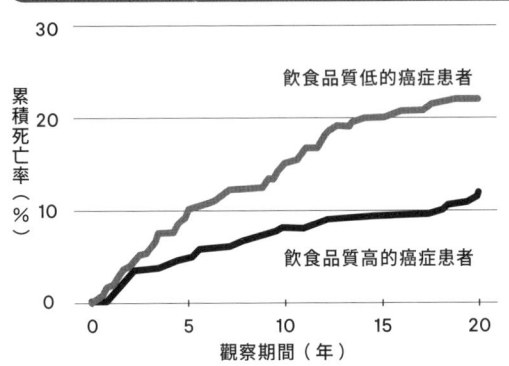

左圖是2018年發表的以1191位癌症患者為對象的研究結果。下面的線是飲食品質高的癌症患者,上方的線則是飲食品質差的癌症患者。線越往上走代表死亡率越高。從近20年長時間的調查,可以看出飲食習慣的不同導致死亡率有將近兩倍的差距,這是極為重要的研究數據。

出處 © Deshmukh AA, Shirvani SM, Likhacheva A, Chhatwal J, Chiao EY, Sonawane K. The Association Between Dietary Quality and Overall and Cancer-Specific Mortality Among Cancer Survivors, NHANES Ⅲ . JNCI Cancer Spectr. 2018;2(2):pky022.

004

## 佐藤醫師的病患抗癌年表

| | |
|---|---|
| 2015 年<br>（74歲） | 罹患第3期胰臟癌。手術切除一半以上的胰臟。 |
| 2017 年<br>（76歲） | 胰臟癌再次復發。因為抗腫瘤藥的副作用感到困擾。 |
| 2018 年<br>（77歲） | 停止抗腫瘤藥。　開始每天早上吃料很多的味噌湯！ |
| 2023 年<br>（82歲） | 至今癌症未惡化 |

飲食的選擇，不僅和預防癌症有關，還與罹癌後的壽命長短有關。

其實，我有一位女病人每天執行這本書中介紹的飲食方法，成功地抑制了癌症，至今依舊很有元氣地活著。

她八年前確診胰臟癌後接受了手術，但大概在兩年後，非常遺憾癌症復發了，不過經過觀察腫瘤並未長大，也沒有其他併發症，現已82歲依舊很有活力。

當然，很有活力的理由不是只因為飲食，但是我認為每天好的飲食習慣對其病情有正面的影響。

首先，本書嚴選具有抗癌效果的十種食材。

接著，介紹一次使用兩種以上具有抗癌效果的食材的湯品和味噌湯，共六十八道食譜。

這10種食材不管哪一種都能輕易在超市買到。

遠離疾病不需要特殊食材。

68道食譜讓大家不會吃膩。

不管是從經濟上、料理程序上，或是飲食的樂趣上，「能夠每天持續」才是最棒的健康方法。

只要持續每天吃上一碗，就能降低罹癌風險。

飲食是每天都要做的事情，將時間拉長便能確實看出差異。

想要降低未來罹癌風險的人，想要保持健康且長壽的人，請務必持續每天一碗長壽湯品。

「長壽湯品」的三個重點

① 加入兩種以上「抗癌食材」的湯品
② 先喝湯
③ 目標一天一碗

下一頁將詳細介紹關於「長壽湯品」的健康效果。

# 戰勝癌症長壽湯品的健康效果！

## 抗氧化作用可以抑制癌細胞增生！

蔬菜或菇類食物含有抗氧化物質，具有去除傷害基因的細胞、抑制癌細胞增生，以及預防癌症的效果。

## 抗發炎作用可以防止細胞癌化！

青魚\*富含 Omega-3 脂肪酸，大蒜則含有硫化物，這些食物可以抑制細胞癌變時所引發的發炎反應。

\*鯖魚、秋刀魚、沙丁魚等背部發青的魚類，在日本統稱「青魚」。

## 截斷癌細胞的養分！

我們的體內有個名為血管新生的作用，顧名思義就是製造血管，癌細胞則會利用這個血管新生作用獲取營養並增生，而大豆異黃酮可以阻止癌細胞血管增生。

### 預防高血糖，健康活到老！

吃飯前先喝湯可以讓血糖緩慢上升，也可預防糖尿病。糖尿病會提高罹患癌症、失智症等其他疾病的風險，所以想要健康長壽，預防高血糖也是非常重要的事情。

### 提高免疫力讓身體不再容易生病！

菇類含有的成分可以提高免疫力。在癌症、感染症初期或罹患其他疾病時可以守護身體提高免疫力，是想要健康長壽的人不可或缺的重要食物。

### 預防萬病的元兇：生活習慣病！

生活習慣病是奪走生命的多種疾病的元兇。富含Omega-3脂肪酸的魚類可以改善膽固醇，也能預防生活習慣病。

### 改善腸道環境，延長壽命！

蔬菜富含的食物纖維可以改善腸道環境。腸道環境好的人服用癌症免疫療法的藥物時，藥物較能發揮作用，除此之外也能預防肥胖，具有多種健康效果。

# 戰勝癌症長壽湯 CONTENTS

前言 —— 2

## 第 1 章 降低罹癌風險的10種「抗癌食材」

癌症專科醫師提出「確實能降低罹癌風險的飲食」—— 16

**高麗菜** 是抗癌蔬菜No.1 —— 18

**青花菜** 可以阻斷癌細胞增生！—— 19

**洋蔥** 具有抑制腫瘤的效果！—— 20

**大蒜** 的成分可以雙重抑制癌症！—— 21

**大豆** 可以改善腸道環境！—— 22

**菇類** 可以預防癌症實現長壽！—— 23

**油脂豐富的魚類** 可減少罹患生活習慣病的風險！—— 24

**海藻** 是癌症治療上的強力支援！—— 25

**番茄** 可以讓人健康長壽！—— 26

**胡蘿蔔** 的β-胡蘿蔔素是健康的好夥伴！—— 27

食譜的使用方法 —— 28

## 第 2 章 長壽湯品&味噌食譜

## 簡單！倒進去就完成的湯品

台灣風豆漿湯 — 30
豆腐番茄湯／番茄海帶芽梅乾湯 — 31
蘑菇芽菜湯 — 32
番茄洋蔥湯／番茄萵苣鹽昆布味噌湯 — 33
海帶芽豆腐味噌湯／番茄香菇味噌湯 — 34
高麗菜豆皮味噌湯／豆皮豆芽味噌湯 — 35

## 嚴選！2種食材的湯品

綠色和風義大利雜菜湯 — 36
青花菜鮭魚美乃滋湯 — 37
中式羊栖菜番茄湯 — 38
胡蘿蔔和布蕪湯／高麗菜金針菇梅乾湯 — 39
高麗菜與鴻喜菇咕嚕咕嚕燉煮湯 — 40
大豆金針菇白湯／鯖魚海帶芽湯 — 41
油豆腐鴻喜菇擔擔風味湯 — 42
番茄大蒜湯／番茄舞菇蠔油湯 — 43
烤青花菜大蒜湯 — 44
豆腐高麗菜鹽麴湯／豆腐海蘊湯 — 45
番茄法式洋蔥湯 — 46
番茄香菇酸辣湯／焦香醬油海帶芽湯 — 47
沙丁魚番茄湯 — 48

## 戰勝癌症長壽湯 CONTENTS

### 滿足！食材豐富的湯品

輕飄飄的胡蘿蔔香菇湯／鮭魚胡蘿蔔三平汁 — 49

青花菜番茄燉湯 — 50

青花菜與油炸豆皮味噌湯／油豆腐番茄味噌湯 — 51

鯖魚高麗菜豆瓣醬湯 — 52

鯖魚青花菜味噌湯／舞菇豆腐味噌湯 — 53

高麗菜番茄味噌湯／高麗菜海帶芽味噌湯 — 54

鴻喜菇番茄味噌湯 — 55

胡蘿蔔豆漿味噌湯 — 56

納豆湯／鮭魚香菇味噌湯 — 57

烤高麗菜燉湯 — 58

高麗菜焗烤湯 — 59

紅色蔬菜的義大利雜菜湯 — 60

香菇雞肉燉煮湯 — 61

鯖魚番茄濃湯 — 62

麻婆豆腐風的香菇湯 — 63

納豆滑菇泡菜湯 — 64

大蒜番茄湯 — 65

蔬菜豐富的湯咖哩 — 66

雞肉丸子味噌湯 — 67

番茄麻薏湯 — 68

豆腐青花菜玉米濃湯 — 69

## 第 3 章 戰勝癌症的飲食方法

吃太多白飯、麵包、麵類等含醣量較高的食物，恐加速癌症惡化 ― 88

抗癌食材別索引 ― 86

做出自己喜歡的味道！湯品＆味噌湯的一些小技巧 ― 82

食譜的注意點 ― 81

海帶芽奶油濃湯／大豆大蒜芝麻濃湯 ― 80

洋蔥大豆咖哩濃湯／蘑菇濃湯 ― 79

高麗菜濃湯／番茄和風濃湯 ― 78

青花菜濃湯 ― 77

胡蘿蔔濃湯 ― 76

### 香濃美味的濃湯 〈冷凍OK!〉

番茄舞菇豬肉片味噌湯 ― 75

雞肉丸子香菇味噌湯 ― 74

洋蔥豬肉味噌湯 ― 73

根莖蔬菜豆漿味噌湯 ― 72

油豆腐青椒味噌咖哩湯 ― 71

鯖魚根莖蔬菜味噌湯 ― 70

# 戰勝癌症長壽湯 CONTENTS

## 第4章 飲食的6大誤解

〈經驗談〉「『抗癌味噌湯』阻止癌症惡化」——108

遠離癌症的「肉類」飲食‧選擇方法——90

「優先喝湯」健康效果倍增——92

味噌湯可以降低罹癌風險，但要注意鹽分——94

甜點的水果，可以降低罹癌風險——96

癌症專科醫師推薦的「甜點」BEST 3 ——98

「太晚吃晚餐」會增加罹癌風險——100

「不吃早餐」容易罹癌——102

請注意泡麵、零食、飲料、漢堡等——104

酒少喝一杯，改喝咖啡吧——106

誤解1 食物可以消滅癌症——114

誤解2 胡蘿蔔汁對癌症有幫助——116

誤解3 「斷食」對癌症有效——118

誤解4 加速癌症惡化的食物——120

誤解5 化療時不能吃生食——122

誤解6 保健食品沒有意義，只要考量飲食就好——124

結語——126

# 第 1 章

## 降低罹癌風險的10種「抗癌食材」

根據最新研究，
介紹對癌症與健康長壽有效果的食材。
並會詳細說明具體上擁有何種效果，
請務必閱讀食譜。

# 癌症專科醫師提出「確實能降低罹癌風險的飲食」

我為了提供患者們最新消息，以及能在部落格或 YouTube 上發布有用的資訊，幾乎每天都會上網蒐羅全世界最新發表的關於癌症的各種研究。

世界上有非常多關於癌症的研究，特別是近年來，針對飲食與癌症的相關研究非常盛行，也因此得知了有幾種食材具有預防癌症的效果。例如以下這幾種。

- 具有抗氧化作用的「十字花科蔬菜」
- 有抗發炎效果的「富含油脂的魚類」
- 可以抑制血管新生作用的「大豆」和「大蒜」

- 能抑制腫瘤的「黏滑海藻類」

世界上沒有能讓癌症一次就消失的夢幻食材，但是卻有針對癌症，能從各方面上發揮抗癌效果的食材。**只要每天均衡地攝取這些食材，就一定可以降低罹癌的風險。**

從下一頁開始，會介紹嚴選具有抗癌效果的10種食材，請務必有意識地在飲食生活中攝取這些食物。

當然，既然有能夠降低罹癌風險的好食材，相反的，也有會提高罹癌風險少吃為妙的食物。另外，不只有湯品和味噌湯，白飯等主食以及配菜怎麼吃，就連吃飯的時間等也是需要重點注意的地方。

關於這部分會在第3章時介紹，若能合併實踐就太好了。

### 抗癌食材 01

# 高麗菜是抗癌蔬菜No.1！

## 十字花科蔬菜含有滿滿的蘿蔔元素

高麗菜和球芽甘藍等十字花科蔬菜富含植化素，可以保護身體不受有害物質侵害。植化素擁有強大的抗氧化作用，可以抑制癌細胞增生與轉移。

根據以9萬名日本人為對象的研究，吃最多十字花科蔬菜的男性族群比起吃最少的男性族群，罹癌後的死亡率降低16%，而其他疾病的死亡率男性降低14%，女性則是降低11%。

高麗菜可以說是一年當中在超市裡都能買得到且最便宜又方便料理的食材。

> **產季**
> 
> 產季橫跨全年，但春季高麗菜的產季是3～5月左右，冬季高麗菜則是1～3月左右。

> **挑選的訣竅**
> 
> 春季高麗菜要選鮮綠色，葉子捲曲不明顯的。冬季高麗菜則推薦捲曲明顯且重量扎實的。

> **保存方法**
> 
> 用菜刀取出菜心，再用濕的廚房紙巾將高麗菜包好裝入保鮮密封袋後冷藏，如此可以保存2～3週。

我會有意識地多吃高麗菜！

抗癌食材 02

# 青花菜可以阻斷癌細胞增生！

**強大的抗氧化作用可以預防肺癌和乳癌**

青花菜是擁有強大抗氧化作用的十字花科蔬菜，特別是青花椰苗每100ｇ就含有1000～2000ｍｇ的植化素，是受到矚目的最強抗癌蔬菜。

以不抽菸的男性為研究對象，發現十字花科蔬菜的攝取量多的人罹患肺癌的機率較低，而攝取大量十字花科蔬菜的停經前的女性則是罹患乳癌的機率較低。

推薦可以在超市購買免切免洗的冷凍青花菜當常備食材。

**產季**
產季橫跨全年，但11～3月左右是盛產期。青花椰苗因為是工廠生產所以沒有盛產期。

**挑選的訣竅**
挑選整株深綠，蕾粒緊密硬實的最好。

**保存方法**
最大的秘訣在於低溫保存。請用廚房紙巾包起來裝進保鮮密封袋，然後放入冰箱保存。

我幾乎每天吃青花椰苗！

抗癌食材 03

# 洋蔥具有抑制腫瘤的效果！

## 含有豐富的槲皮素 對癌症和生活習慣病有效

洋蔥是蔥屬植物，抗癌效果超群。洋蔥裡富含槲皮素，是植化素的一種，具有超強的抗氧化功能，除了癌症之外，還能預防動脈硬化，降低血糖與膽固醇。

另外，根據給予槲皮素的小白鼠進行胰臟癌實驗，可以確定槲皮素能抑制癌細胞增生。

而在其他的實驗裡，則發現洋蔥中的另一種成分onionin A（ONA），有助於對抗卵巢癌細胞抑制腫瘤生長，證實洋蔥對各種癌症都有效果。

### 產季
產季橫跨全年，但新鮮洋蔥的盛產期是3～4月。

### 挑選的訣竅
洋蔥的尖端易受傷，所以要選擇尖端較硬的洋蔥。

### 保存方法
最好的保存方法是將洋蔥裝入網袋裡吊起來放在涼爽通風處。新洋蔥因為比較容易受傷，請放在冰箱蔬果室。

用新鮮洋蔥做沙拉也很美味！

### 抗癌食材 04

# 大蒜的成分可以雙重抑制癌症！

## 對胃癌和大腸癌特別有效

蔥屬蔬菜的代表大蒜具有豐富的抗氧化與抗發炎的成分。根據中國的比較實驗，大蒜的營養補充品可以降低34％的胃癌死亡率，從大腸癌與大蒜的各項研究分析，多攝取大蒜的人可以減少25％罹患大腸癌的機率，大蒜對於胃癌和大腸癌等消化道癌症特別有效。

根據美國國立癌症研究所所發表的「有效預防癌症的食品」，大蒜是所有食物中最強的抗癌食材。即使只有一點點也可以，也請每天都攝取一些。

---

**產季**
雖然 6～8 月是採收期，但全年都能買得到乾燥的大蒜。

**挑選的訣竅**
請選擇顆粒大且硬的大蒜，不要選已經發芽或外皮變成咖啡色的大蒜。

**保存方法**
放在通風良好的地方可以保存數月，大蒜最怕濕氣，所以絕對不能放冰箱。

也可以利用軟管類型的大蒜商品。

抗癌食材 05

# 大豆可以改善腸道環境！

## 具有抑制癌細胞成長的作用

大豆裡面含有的大豆異黃酮具有能讓女性骨頭強壯的健康效果，也能預防癌症。癌細胞會藉由製造血管的血管新生作用吸收養分不斷增長，而異黃酮之一的金雀異黃酮可以有效抑制血管新生。

解析大豆與癌症死亡率相關的各種研究論文，大豆可以降低50％罹患胃癌、大腸癌、卵巢癌後的死亡率。

味噌和納豆等發酵大豆食品，含有豐富的益生菌可以調整腸道環境提高免疫力，因此不論在預防癌症，或是健康長壽上都是十分推薦的食材。

### 產季
大豆的產季是10月，納豆與豆腐等是大豆加工品，所以一整年都買得到。

### 挑選的訣竅
若是未加工過的大豆，不管是水煮或是蒸過的大豆皆可在超市購得。

### 保存方法
乾燥大豆請避開日光，放在沒有濕氣的地方保存。加工食品的話請按照標示保存即可。

我經常會攝取納豆來維持腸道健康！

## 抗癌食材 06

# 菇類可以預防癌症實現長壽！

## β-葡聚醣可以提高免疫力

菇類含有名為β-葡聚醣的食物纖維，可以提高免疫力，預防癌症或其他各種疾病。

根據香菇攝取量和癌症發病機率的多項研究，多吃菇類的實驗組癌症發病機率降低34%，菇類吃得越多，罹患癌症機率就會更低，特別在預防胃癌和乳癌上更具效果。

而含有菇類特定成分的營養補充品，聲稱「對癌症有效」，其實根本毫無科學證據，所以請直接吃香菇就可以了。

> **產季**
> 菇類可以說是味覺之秋的代表性食物之一，不過事實上菇類多由工廠栽培，因此全年都吃得到。

> **挑選的訣竅**
> 一般來說要挑選菇傘未全開，菇柄扎實的香菇。

> **保存方法**
> 用廚房紙巾包好裝進保鮮密封袋裡放進冰箱保存。超過3～4天的話可以冷凍保存。

用香菇熬的高湯非常美味。

### 抗癌食材 07

# 油脂豐富的魚類

## 可減少罹患生活習慣病的風險！

### Omega-3脂肪酸的抗發炎作用對癌症有效

鯖魚、沙丁魚等是油脂豐富的魚類，含有很多對身體有益處的Omega-3脂肪酸，Omega-3脂肪酸除了可以抑制體內的發炎，還能降低罹患癌症或血脂異常等生活習慣病的風險。

根據魚類的攝取與癌症關係的研究，攝取最多Omega-3脂肪酸的人比起攝取少的人，罹患乳癌的機率減少了14％，肺癌減少了21％，胰臟癌則是減少了30％。

以青魚為主，其他如鮪魚等油脂含量較多的魚類大多富含Omega-3脂肪酸。市面上也有許多鯖魚、沙丁魚、鱒魚的罐頭，可以輕鬆攝取。

**產季**
鯖魚和秋刀魚的產季是秋天，鰤魚和鮪魚則是一整年都吃得到。

**挑選的訣竅**
因為油脂易氧化，所以選擇越新鮮的越好。罐頭不會氧化可以長期保存，是很方便的選擇。

**保存方法**
罐頭開封後沒有吃完的話，一定要將未吃完的部分放到別的容器冷藏起來保存，並請在2～3天內吃完。

我也常常吃鯖魚罐頭！

## 抗癌食材 08

# 海藻是癌症治療上的強力支援！

### 具有多種能力的黏稠成分褐藻醣膠

昆布、海帶芽、和布蕪\*等滑溜黏稠的海藻類含有褐藻醣膠，可以降低膽固醇和血壓，也有抑制癌細胞增生的抗腫瘤效果，以及阻礙癌症成長的血管新生作用，甚至還能提高與癌症對抗的免疫細胞的活性，減輕罹癌後的疲憊感，改善因為抗癌劑引起的肌肉萎縮，還可以提高抗癌劑等治療藥物的效果。

事實上，根據人體研究，也能看出攝取褐藻醣膠可以提高能與癌症對抗的自然殺手細胞的活性。

\*海帶根部的俗稱。

**產季**
雖然海帶芽的產季是春天，但市面上隨時都能買到乾燥海帶芽和鹽漬海帶芽。

**挑選的訣竅**
生的海藻要選顏色深的。鹽漬商品請除去過多的鹽分後再進行料理。

**保存方法**
鹽漬海帶芽請放在購入時的容器裡，或是裝入保鮮密封袋放入冰箱保存。

山藥昆布也很方便！

抗癌食材 09

# 番茄可以讓人健康長壽！

## 類胡蘿蔔素
## 預防癌症＆腦中風

番茄含有的番茄紅素是類胡蘿蔔素的一種，具有強力的抗氧化作用，可防止老化、降低膽固醇、預防生活習慣病。根據海外研究，血液裡番茄紅素濃度高的人，可以降低50％腦中風的機率。

番茄紅素還能抑制癌細胞增生、降低會導致癌細胞增生的膽固醇、阻礙血管新生等功效，擁有非常強大的預防癌症的效果。根據以中國人為對象的集體研究，攝取大量番茄的人比吃得最少的人，罹患肝癌的機率降低了37％。

### 產季
全年都買得到，6～8月是盛產期。

### 挑選的訣竅
蒂部有星形放射狀的條紋是果實甜美飽滿的證明。

### 保存方法
成熟的番茄請裝進塑膠袋後放冰箱蔬果室冷藏。 如果還有綠色的部分，常溫保存即可。

番茄罐頭方便又美味！

026

## 抗癌食材 10

# 胡蘿蔔的 β-胡蘿蔔素是健康的好夥伴！

胡蘿蔔有超強抗癌效果。富含β-胡蘿蔔素的胡蘿蔔能降低罹患多種癌症的風險。

分析多項針對胡蘿蔔與肺癌的研究，多吃胡蘿蔔的人比起吃得少的可以降低42％罹患肺癌的風險。然而，另一項研究則認為胡蘿蔔素與大腸癌風險之間沒有明顯關係，具體細節尚不清楚。

另外，胡蘿蔔搾成汁會去掉重要的膳食纖維，所以直接烹飪後食用效果最好。

### 比起胡蘿蔔汁更建議直接吃

**產季**
產季依產地各有不同，但主要盛產期是9～12月。

**挑選的訣竅**
請挑選表皮沒有裂開，光滑結實有光澤的胡蘿蔔。

**保存方法**
用廚房紙巾包起來後放保鮮密封袋，直立地放在冰箱蔬果室保存。

不要喝過量的胡蘿蔔汁。

# 食譜的使用方法

下一頁開始介紹使用兩種以上抗癌食材的食譜。食譜的使用方法請參考下方。

**類別**
全部共68道食譜，分成4個類別介紹。

**計算營養值**
標示出1人份的熱量和鹽分的含量。

**保存圖示**
「做起來放」是指冷藏可放約3～4天的食譜。「冷凍保存」則是可以冷凍保存約1個月左右的食譜。

**重點**
有些食譜會有小訣竅，請記得參考。

〈本書的準則〉
- 使用的量杯：1杯=200ml，量匙：1大匙=15ml、1小匙=5ml。1ml=1cc。
- 微波爐加熱功率是600W。500W的話加熱時間是1.2倍。
- 食材「高湯」，除非另有說明，不然通常是鰹魚高湯或是昆布・鰹魚高湯。
- 蔬菜的重量是指去皮去籽後的淨重。而且，皆須經過清洗、去皮、擦乾水分等基本的料理準備步驟。

028

# 第 2 章

# 長壽湯品 & 味噌食譜

介紹4種類型的食譜：
「倒進去就完成的湯品」、
「2種食材的湯品」、
「食材豐富的湯品」、
「香濃美味的濃湯」，
請選擇自己喜歡的即可！

\ 簡單！/
## 倒進去就完成的湯品

1人份　96kcal　鹽分 **1.7g**

## 台灣風豆漿湯

讓身體暖呼呼的台灣經典早餐

### 材料（1人份）

豆漿……160ml
番茄……20g（約 1/8 顆）
櫻花蝦（乾燥）・醋・
顆粒狀的雞湯粉
　……各1小匙
萬能蔥*（切蔥花）・辣油
　……各少許

### 做法

① 番茄切丁1cm。將豆漿倒入鍋中，加熱至即將沸騰。

② 把萬能蔥和辣油以外的食材都放入碗中，再將豆漿倒入碗裡，馬上攪拌均勻，再撒上蔥花，淋上辣油。

＊即台灣的珠蔥，日本名為萬能蔥，在台灣和日本九州普遍栽培。

**重點**
把醋加入溫熱的豆漿裡，可以創造出鬆軟的口感，請務必加醋！

番茄的酸味與香油的絕妙平衡
## 豆腐番茄湯

### 材料（1人份）
木棉豆腐……20g
番茄……20g（約1/8顆）
顆粒狀的雞湯粉……1小匙
鰹魚醬油露（3倍濃縮）……1/2小匙
香油·粗粒黑胡椒……各少許

### 做法
① 將番茄切丁約1cm，將豆腐切丁約7～8mm。
② 把香油和黑胡椒以外的食材都放入碗裡，倒入160ml的熱水後攪拌均勻。最後再淋上香油放黑胡椒。

1人份 39kcal 鹽分2.0g

加入有消除疲勞效果的梅乾
## 番茄海帶芽梅乾湯

### 材料（1人份）
番茄……20g（約1/8顆）
海帶芽（乾燥）……1g
梅乾……1/2顆（約10g）
柴魚片……2g

### 做法
① 番茄切丁1cm。去掉梅乾的籽。
② 把所有的食材都放入碗裡，倒入160ml的熱水後攪拌均勻。

1人份 15kcal 鹽分2.1g

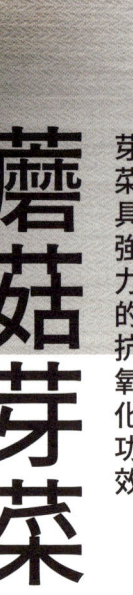

# 蘑菇芽菜湯

芽菜具強力的抗氧化功效

1人份 ｜ **12**kcal ｜ 鹽分**1.7**g

### 材料（1人份）

蘑菇……1朵　　青花椰苗……5g　　顆粒狀的雞湯粉……1小匙

### 做法

① 蘑菇切薄片。去掉芽菜的根部。

② 把萬能蔥和辣油以外的食材都放入碗裡，將160ml的熱水對準蘑菇倒入碗中，再攪拌均勻。

**重點**
倒熱水的重點在於透過熱水加熱食材！

美味的脆脆洋蔥
# 番茄洋蔥湯

### 材料（1人份）

**番茄**……20g（約1/8顆）
**洋蔥**……10g
顆粒狀的雞湯粉……1小匙
**鹽昆布**……3g
生薑（磨成泥）……少許

### 做法

① 番茄切丁1cm。洋蔥切薄片。

② 把所有的食材都放入碗裡，將160ml的熱水往洋蔥上倒入攪拌均勻。

1人份 ： 20kcal　鹽分 1.8g

倒進去就完成的湯品

番茄和味噌的雙重美味
# 番茄萵苣
# 鹽昆布味噌湯

### 材料（1人份）

**番茄**……20g（約1/8顆）
萵苣……5g（約1/4片）
**鹽昆布**……一小撮
味噌……1/2大匙
生薑（磨成泥）……少許

### 做法

① 番茄切丁1cm。將萵苣撕成好入口的大小。

② 把所有的食材都放入碗裡，倒入160ml的熱水後攪拌均勻。

1人份 ： 23kcal　鹽分 1.3g

倒入熱水也能做出味噌湯
# 海帶芽豆腐味噌湯

材料（1人份）

木棉豆腐……20g
海帶芽（乾燥）……1g
味噌……2小匙
柴魚片……2g
生薑（磨成泥）……少許

做法

① 豆腐切丁約7～8mm。

② 把所有的食材都放入碗裡，倒入160ml的熱水攪拌均勻。

1人份：45kcal　鹽分1.7g

往香菇上倒入熱水
# 番茄香菇味噌湯

材料（1人份）

番茄……20g（約1/8顆）
香菇……1/3朵
青花椰苗……5g
味噌……2小匙
柴魚片……2g

做法

① 番茄切丁1cm，香菇切成薄片，去掉芽菜的根部。

② 把所有的食材都放入碗裡，將160ml的熱水往香菇上倒入後，再攪拌均勻。

1人份：35kcal　鹽分1.5g

用醋綜合高麗菜的草味
# 高麗菜豆皮味噌湯

### 材料（1人份）

油炸豆皮……5g（約1/6片）
高麗菜……10g
生薑（磨成泥）……少許
柴魚片……2g
味噌……2小匙
醋……2～3滴

### 做法

① 高麗菜切絲。油炸豆皮先對半切之後再細切。

② 把所有的食材都放入碗裡，將160ml的熱水往高麗菜上倒入後，再攪拌均勻。

1人份：51kcal　鹽分1.5g

倒進去就完成的湯品

撕碎的烤海苔增添風味
# 豆皮豆芽味噌湯

### 材料（1人份）

油炸豆皮……5g（約1/6片）
青花椰苗……5g
烤海苔……一大張的1/4
柴魚片……1g
味噌……2小匙

### 做法

① 油炸豆皮先對半切之後再細切。去掉芽菜的根部。撕碎烤海苔。

② 把所有的食材都放入碗裡，倒入160ml的熱水後攪拌均勻。

1人份：48kcal　鹽分1.5g

\ 嚴選！/
**2種食材的湯品**

滿滿的青花菜和高麗菜

## 綠色和風義大利雜菜湯

做起來放

1人份 **100**kcal 鹽分**1.9**g

### 材料（2人份）

青花菜……1/2株
高麗菜……一小片（60g）
鹽……1/4小匙
A ┌ 昆布高湯……400ml
　└ 日式白高湯（市售）……2小匙
橄欖油……1大匙
起司粉・粗粒黑胡椒……各少許

### 做法

① 把青花菜分成小朵。莖的部分可以適當地削皮後切丁1cm。高麗菜切成方便入口的大小。

② 將橄欖油、①、鹽放入鍋中，開中火仔細拌炒後，再把A倒入鍋中，火轉小煮5分鐘左右。

③ 把煮好的湯品倒入碗裡，再撒上起司、黑胡椒。

**重點**
因為青花菜的梗比較硬，去皮之後就會變得比較容易入口！

1人份 **137**kcal 鹽分**2.2**g

美乃滋罐頭的味道更上一個層次

# 青花菜鮭魚美乃滋湯

### 材料（2人份）
青花菜……1/4株
水煮鮭魚罐頭……1/2罐（含罐頭湯汁）
美乃滋……1大匙
顆粒狀的雞湯粉……2小匙
橄欖油・粗粒黑胡椒……各少許

### 做法
① 青花菜分成小朵。把美乃滋、青花菜放入鍋中開小火拌炒1分鐘左右。

② 仔細拌炒後再將鮭魚罐頭、雞湯粉、400ml的水倒入鍋中，開中火，煮滾後火轉小再煮5分鐘。把煮好的湯倒入碗裡再淋上幾圈橄欖油撒上黑胡椒。

### 重點
用美乃滋拌炒，可以讓料理增添普通的油所沒有的酸味與豐富的層次！

037

廚房的架子上如有多的乾燥羊栖菜一定要做

# 中式羊栖菜番茄湯

1人份 **64**kcal 鹽分**1.8**g

## 材料（2人份）

羊栖菜（乾燥）……2g
番茄……1/2顆
生薑（磨成泥）……1/3片
A ┌ 顆粒狀的雞湯粉……2小匙
　├ 味醂……1小匙
　└ 水……400ml
太白粉……1大匙
香油……1小匙
萬能蔥（斜切）·熟白芝麻……各少許

## 做法

① 用水將羊栖菜泡開後瀝乾。番茄切成好入口的大小。

② 把香油、薑、羊栖菜放入鍋中，用小火炒約30秒。將A和番茄倒入鍋裡後開中火，煮滾後轉小火再煮3分鐘。

③ 水與太白粉比例2:1，攪拌均勻後倒入②，一邊攪拌一邊煮至濃稠。倒入碗裡撒上萬能蔥、芝麻。

兩種食材的湯品

滑滑地好入口
## 胡蘿蔔和布蕪湯

做起來放

**材料（2人份）**

胡蘿蔔……1/4根
和布蕪……1包（30g，無調味）
A [ 日式白高湯（市售）……2大匙
　　水……400ml ]
香油……1小匙
生薑（磨成泥）……少許

**做法**

① 胡蘿蔔切絲。

② 將香油、胡蘿蔔放入鍋中開小火拌炒1分鐘後，把和布蕪、A倒入鍋裡轉中火，煮滾後轉小火再煮3分鐘。倒入碗裡後再放上生薑泥。

1人份　33kcal　鹽分2.2g

用梅乾提味
## 高麗菜金針菇梅乾湯

做起來放

**材料（2人份）**

高麗菜……1小片（50g）
金針菇……50g
顆粒狀的雞湯粉……1小匙
香油……2小匙　　梅乾……1顆

**做法**

① 高麗菜切成好入口的大小。金針菇切掉菇底堅硬的部分，切3公分長並剝散。梅乾去籽。

② 香油倒入鍋中加熱，將高麗菜、金針菇放入鍋中開中火拌炒，接著倒入400ml的水與雞湯粉，煮滾後轉小火再煮3分鐘。把湯倒入碗裡再放上梅肉。

1人份　56kcal　鹽分1.8g

1人份 **74**kcal 鹽分**1.9**g

燉煮過的高麗菜甜味爆發

# 高麗菜與鴻喜菇咕嚕咕嚕燉煮湯

(做起來放)

## 材料（2人份）

高麗菜……1/6顆（約200g）
鴻喜菇……50g　大蒜……一瓣
顆粒狀的雞湯粉……2小匙
鹽．胡椒……各少許
橄欖油……1/2大匙
起司粉．粗粒黑胡椒……各少許

### 重點

雖然主題是「2種食材」，但大蒜能提味，能讓湯品的味道更佳豐富，所以請不要被2種食材給限制，可多多使用。

## 做法

① 將高麗菜切成1cm的塊狀放入耐熱容器，稍微剝散後放入600W的微波爐中加熱5分鐘。鴻喜菇則是切掉蒂頭的部分後，切成1cm的大小。大蒜搗碎。

② 把橄欖油倒入鍋中，再將①放入鍋內，開中火拌炒。食材皆拌炒後倒入400ml的水，加入顆粒狀的雞湯粉，煮滾後將中火稍微轉弱一些，再煮5分鐘左右。最後放鹽巴、胡椒調味後關火，將湯品倒入碗裡，再撒上起司與黑胡椒。

兩種食材的湯品

1人份 154kcal 鹽分 2.2g

鹽麴也可以調整腸道環境
## 大豆金針菇白湯 做起來放

材料（2人份）

蒸大豆……100g　金針菇……100g
鹽……1/4 小匙

A ┌ 鹽麴……1 大匙
　├ 昆布高湯……400ml
　└ 醋……1 小匙

橄欖油‧粗粒黑胡椒……各少許

做法

① 金針菇去掉蒂頭後切成2cm長度，把金針菇、鹽放入鍋裡蓋上鍋蓋，用小火蒸煮1分鐘。

② 放入蒸大豆、A，開中火煮滾後將火轉弱，煮約5分鐘關火。將湯品倒入碗裡，淋上幾圈橄欖油，撒上黑胡椒。

海帶芽燉煮後會釋出鮮味
## 鯖魚海帶芽湯 做起來放

材料（2人份）

水煮鯖魚罐頭……1罐（含罐頭湯汁）
海帶芽（乾燥）……3g
大蒜（維持原狀）……2 瓣
酒……1 大匙
鹽‧熟白芝麻……各少許

做法

① 將除了鹽、芝麻以外的所有食材放入鍋中，倒入400ml的水，開中火。

② 煮滾後蓋上鍋蓋，將火轉小後煮15～20分鐘（煮到湯呈現微微的海帶芽綠色為止）。

③ 鹽巴調味後關火，將湯品倒入碗裡，撒上芝麻。

1人份 177kcal 鹽分 1.4g

# 油豆腐鴻喜菇擔擔風味湯

芝麻醬的豐富口感讓人著迷

1人份 **116**kcal 鹽分**2.0**g

## 材料（2人份）

油豆腐……1/2塊
鴻喜菇……50g
顆粒狀的雞湯粉……1小匙
太白粉……1大匙
A ┌ 白芝麻醬……2小匙
　└ 味噌……1小匙
萬能蔥（切蔥花）‧辣油……各少許

## 做法

① 將油豆腐切成2cm的塊狀，切掉鴻喜菇的蒂頭。

② 把400ml的水、顆粒狀的雞湯粉以及①倒入鍋中，開中火。煮滾後將火轉小，再把已攪拌均勻的A慢慢地倒入湯中。

③ 將太白粉溶入2倍的水中，再倒入②中煮至濃稠。然後把湯倒入碗裡，撒上萬能蔥，淋上幾圈辣油。

**重點**
也可以使用豆腐或油炸豆皮代替油豆腐，鴻喜菇的部分也能用自己喜歡的菇類替換！

## 酸酸大人味
# 番茄大蒜湯

做起來放

**材料（2人份）**

水煮番茄罐頭……1罐（400g）
大蒜……2瓣
A ┌ 顆粒狀的雞湯粉……2小匙
　├ 鹽……少許　味醂……1大匙
　└ 水……100ml
橄欖油……1大匙
原味優格（無糖）……2大匙
粗粒黑胡椒……少許

**做法**

① 壓扁大蒜。把橄欖油、大蒜放入鍋中開小火，加熱1分鐘使其散發出香氣。

② 把番茄罐頭、A倒入鍋中，轉中火，煮滾後火轉小再煮10分鐘。

③ 將湯品倒入碗裡，再放上優格、2小匙的橄欖油（不含在食材內），最後撒上黑胡椒。

1人份 142kcal 鹽分1.9g

兩種食材的湯品

## 炒舞菇讓味道更有層次
# 番茄舞菇蠔油湯

做起來放

**材料（2人份）**

番茄……1/2顆　舞菇……40g
生薑（磨成泥）……1/3片
A ┌ 蠔油・味醂……各2小匙
　└ 水……400ml
香油……2小匙
萬能蔥（切蔥花）……少許

**做法**

① 番茄切成半月形，剝散舞菇。

② 把香油、生薑、舞菇放入鍋中，開小火拌炒1分鐘。加入番茄與A後轉中火，煮滾後把火轉小後再煮3分鐘。倒入碗裡後撒上萬能蔥。

1人份 68kcal 鹽分0.7g

1人份 70kcal 鹽分 1.9g

放半株青花菜也沒問題

# 烤青花菜大蒜湯

做起來放

## 材料（2人份）

青花菜……1/2 株
大蒜（切薄片）……1 瓣
鹽……少許
顆粒狀的雞湯粉……2 小匙
橄欖油……2 小匙
檸檬（切薄片）……2 片
粗粒黑胡椒……少許

**重點**
烤青花菜能讓味道更提高一個層次。檸檬的酸味使得湯品更加清爽好入口！

## 做法

① 青花菜分成小朵。

② 把橄欖油、大蒜放入鍋中，開小火拌炒1分鐘。香氣出來後將大蒜取出。

③ 將青花菜放入同一個鍋裡，撒上鹽巴用中火煎烤直到上色。接著倒入400ml的水、顆粒狀的雞湯粉，煮滾後再把②的大蒜加回去，轉小火煮約5分鐘。把湯品倒入碗裡，再放上檸檬片，撒上黑胡椒。

清爽的柚子胡椒是美味的關鍵
# 豆腐高麗菜鹽麴湯

做起來放

### 材料（2人份）
絹豆腐……1/2盒
高麗菜……1小片（50g）
生薑（磨成泥）……少許
A ┌ 鹽麴……2小匙
　├ 顆粒狀的雞湯粉……1小匙
　└ 水……400ml
香油……1小匙　柚子胡椒……少許

### 做法
① 將豆腐、高麗菜切成好入口的大小。
② 把香油、生薑、高麗菜放入鍋中，開小火，拌炒1分鐘。加入A、豆腐後轉中火，煮滾後火轉小再煮5分鐘。將湯品倒入碗裡，放上柚子胡椒。

1人份　81kcal　鹽分1.6g

---

雖然簡單但獨特的香氣滿足感UP
# 豆腐海蘊湯

做起來放

### 材料（2人份）
木棉豆腐……1/2盒
生海蘊……40g
昆布高湯……400ml
柴魚片……4g
醬油……1小匙
鹽……1/2小匙
生薑（切絲）……少許

### 做法
① 豆腐切成好入口的大小。
② 把昆布高湯、柴魚片放入鍋中，開中火。煮滾後加入豆腐、海蘊、醬油、鹽，再度加熱到沸騰，即可關火。將湯品倒入碗裡，再放上生薑。

1人份　73kcal　鹽分1.7g

兩種食材的湯品

# 番茄法式洋蔥湯

醋的酸味與洋蔥的甜味勾起食慾

做起來放

1人份 70kcal 鹽分2.2g

## 材料（2人份）

洋蔥……1/4顆　番茄……1/2顆
牛奶……1大匙
A ┌ 顆粒狀的雞湯粉……2小匙
　├ 醬油·醋……各1小匙
　└ 水……400ml
橄欖油……2小匙
歐芹（切碎）……少許

## 做法

① 洋蔥切薄片，番茄切成1cm丁狀。

② 把橄欖油、洋蔥放入鍋中，開中火拌炒3分鐘左右直到洋蔥呈現焦糖色。再加入A和番茄，將火轉小煮5分鐘。

③ 加牛奶後，再次煮滾即可關火。將湯品倒入碗裡，撒上歐芹。

**重點**
1大匙的牛奶是重點，能讓番茄與醋的酸味更柔和！

## 「酸辣」美味
# 番茄香菇酸辣湯

做起來放

**材料（2人份）**

番茄……1/2顆
香菇……一朵
香油……1小匙
A ┌ 顆粒狀的雞湯粉……1又1/2小匙
　├ 醬油・醋……各1/2小匙
　└ 水……400ml
生薑（切絲）・辣油……各少許

**做法**

① 番茄切成好入口的大小。香菇切成薄片。

② 把香油、香菇放入鍋中，開小火，拌炒1分鐘。加入番茄、A後轉中火，煮滾後火轉小再煮3分鐘。

③ 將湯品倒入碗裡，放上生薑，淋上幾圈辣油。

1人份　50kcal　鹽分1.5g

---

兩種食材的湯品

**材料（2人份）**

海帶芽（乾燥）……2g
鴻喜菇……50g
大蒜（切碎）……1瓣
醬油……1大匙
香油……1小匙
萬能蔥（切蔥花）・熟白芝麻……各少許

**做法**

① 海帶芽放入水中泡開。切掉鴻喜菇的蒂頭。

② 把香油、鴻喜菇、大蒜放入鍋中，開小火拌炒1分鐘。香味出來後轉中火，再加入醬油，煮至焦香出現後再倒入400ml的水與海帶芽，煮滾後將火轉弱再煮3分鐘，將湯品倒入碗裡，撒上萬能蔥、芝麻。

## 喜歡拉麵的人一定會上癮
# 焦香醬油海帶芽湯

做起來放

1人份　40kcal　鹽分1.6g

# 沙丁魚番茄湯

最後放的醃製番茄讓風味更為豐富

1人份 183kcal 鹽分2.3g

## 材料（2人份）

水煮沙丁魚罐頭……1罐（含罐頭湯汁）
番茄……1/2顆
大蒜（切碎）……1/2瓣
A ┌ 顆粒狀的雞湯粉……2小匙
  │ 醋……1小匙
  └ 水……400ml
粗粒黑胡椒……少許

〈醃製番茄〉
番茄……1/2顆　青紫蘇……1片
醋……1/2小匙
橄欖油……1/2小匙

## 做法

① 番茄、青紫蘇切丁1cm，大蒜切碎。

② 把大蒜、沙丁魚罐頭、1/2顆番茄以及A放入鍋中，開中火，煮滾後火轉小再煮5分鐘後關火。

③ 把1/2顆番茄、青紫蘇與橄欖油和醋攪拌均勻（醃製番茄）。

④ 將②放入碗裡，放上③，撒上黑胡椒。

兩種食材的湯品

看起來像寬麵別有一番樂趣
## 輕飄飄的胡蘿蔔香菇湯
(做起來放)

材料（2人份）

胡蘿蔔……1/4根
香菇……1朵
日式白高湯（市售）……1大匙
生薑（切絲）……1/2片
橄欖油……少許

做法

① 胡蘿蔔削皮後切薄片。切掉香菇柄後，再將香菇切成薄片。

② 把除了橄欖油以外的食材和400ml的水放入鍋裡，開中火，煮滾後火轉小。

③ 當胡蘿蔔煮軟後即可關火。將湯品倒入碗裡，淋上幾圈橄欖油。

1人份　17kcal　鹽分1.1g

用罐頭做出北海道鄉土料理
## 鮭魚胡蘿蔔三平汁*
(做起來放)

材料（2人份）

鮭魚水煮罐頭……1罐（含罐頭湯汁）
胡蘿蔔……1/4根
日式白高湯（市售）……1大匙
高湯……400ml
生薑（磨成泥）……1/2片
萬能蔥（切蔥花）……各少許

做法

① 將胡蘿蔔切成長約3cm的條狀。

② 把萬能蔥以外的食材都放入鍋中，開中火，煮滾後火轉小再煮5分鐘。

③ 將湯品倒入碗裡，撒上萬能蔥。

＊「三平汁」是北海道的特色菜，用米糠醃製或鹽漬蔬菜和魚在鹹肉湯中煮的湯，有時會加入清酒酒糟。

1人份　74kcal　鹽分1.6g

# 青花菜番茄燉湯

善用食譜縮短時間

做起來放

1人份 122kcal 鹽分0.6g

### 材料（2人份）

青花菜……1/2株
水煮番茄罐頭……1/2罐（200g）
大蒜……1片
A ┌ 味噌……1小匙
  │ 味醂……2小匙
  └ 昆布高湯……200ml
橄欖油……1大匙
粗粒黑胡椒……少許

**重點**
雖然番茄是西洋蔬菜，但只要加上日式調味料的味噌與味醂，就能做出熟悉的味道！

### 做法

① 青花菜分成小朵。壓碎大蒜。將青花菜、大蒜放入耐熱容器中，輕輕地覆蓋保鮮膜後放入600W微波爐，加熱1分30秒。

② 把番茄罐頭、A、橄欖油以及①放入鍋中，開中火。煮滾後將火轉小再煮10分鐘。將湯品倒入碗裡，撒上黑胡椒。

味噌湯與青花菜意外地很合
# 青花菜與油炸豆皮味噌湯

### 材料（2人份）

青花菜(小朵)……3朵
油炸豆皮……1/3片
高湯……350ml
味噌……1又1/2大匙

### 做法

① 青花菜對半直切。油炸豆皮則切成1.5cm的正方形薄片。

② 把高湯、①放入鍋中，開中火，煮滾後火轉小，直到青花菜變軟後，再把味噌溶入鍋中即可關火。

1人份 55kcal 鹽分1.8g

兩種食材的湯品

生薑和青紫蘇的搭配讓人無法停筷
# 油豆腐番茄味噌湯

### 材料（2人份）

油豆腐……1/3塊
番茄……1/2顆
高湯……300ml
味噌……1又1/2大匙
生薑(磨成泥)……少許
青紫蘇(切絲)……1片

### 做法

① 將油豆腐和番茄切成好入口的大小。

② 把高湯放入鍋中，開中火，煮滾後把①放入鍋中，將火轉小再煮2分鐘。

③ 將味噌溶入鍋裡後關火。將湯品倒入碗裡，放上生薑、青紫蘇。

1人份 60kcal 鹽分1.8g

# 鯖魚高麗菜豆瓣醬湯

辣高麗菜讓人一吃就停不下來

做起來放

1人份 118kcal 鹽分1.6g

## 材料（2人份）

<u>水煮鯖魚罐頭</u>……1/2罐（含罐頭湯汁）
<u>高麗菜</u>……1小片葉子（60g）
A ┌ 大蒜（切碎）……1/2瓣
　└ 豆瓣醬……1小匙（或根據自己喜好）
味噌……2小匙
香油……1小匙
萬能蔥（切蔥花）……少許

## 做法

① 高麗菜切成好入口的大小。

② 把香油、A放入鍋中，開小火，輕輕地拌炒至發出香味。接著把鯖魚罐頭、高麗菜、味噌、400ml的水放入鍋中，轉中火，煮滾後將火轉小再煮5分鐘。將湯品倒入碗裡，撒上萬能蔥。

**重點**
罐裝鯖魚因牌子不同，鹽分濃度的差距頗大，因此放多少味噌請視味道調整！

兩種食材的湯品

享受口感明顯的差異

# 鯖魚青花菜味噌湯

材料（2人份）

水煮鯖魚罐頭……1/2罐（含罐頭湯汁）
青花菜（小朵）……2朵
高湯……350ml
酒……1/2大匙
味噌……1又1/2大匙
生薑（磨成泥）……少許

做法

① 將青花菜、鯖魚罐頭、高湯、酒放入鍋中開中火。
② 煮滾後把火轉小，將青花菜煮到軟。
③ 味噌溶入鍋中後關火。將湯品倒入碗裡放上生薑。

1人份：116kcal　鹽分 2.4g

小魚乾高湯和舞菇超級搭

# 舞菇豆腐味噌湯

材料（2人份）

絹豆腐……1/4盒
舞菇……1/2盒
小魚乾高湯……350ml
味噌……1又1/3大匙
酒……1/2大匙
青紫蘇（切絲）……1片

做法

① 將豆腐切成好入口的大小。剝散舞菇。
② 把小魚乾高湯、酒、舞菇放入鍋中，開中火，煮滾後加入豆腐，再煮1分鐘。
③ 將味噌溶入鍋裡後關火。將湯品倒入碗裡，放上青紫蘇。

1人份：54kcal　鹽分 1.8g

# 高麗菜番茄味噌湯

少許的牛奶能統合食材

**1人份 45kcal 鹽分1.8g**

### 材料（2人份）

- 高麗菜……1小片葉子（50g）
- 番茄……1/4顆
- 顆粒狀的雞湯粉……1/2小匙
- 味噌……1又1/3大匙
- 牛奶（或豆漿）……1大匙
- 橄欖油・粗粒黑胡椒……各少許

### 做法

① 高麗菜切成1cm的寬度，番茄切成1cm丁狀。

② 把350ml的水、顆粒狀的雞湯粉、高麗菜放入鍋中，開中火，煮約8分鐘，高麗菜煮軟後再放入番茄與牛奶煮滾。

③ 火轉小後加入味噌，溶化完全後關火。將湯品倒入碗裡，淋上幾圈橄欖油，撒上黑胡椒。

**重點**
高麗菜和橄欖油非常搭！有使用高麗菜的其他湯品，也能根據喜好淋上幾圈橄欖油。

### 橄欖油與胡椒是關鍵
# 鴻喜菇番茄味噌湯

**材料（2人份）**

鴻喜菇……30g　番茄……1/2顆
高湯……350ml
味噌……1又1/2大匙
橄欖油・粗粒黑胡椒……各少許

**做法**

① 鴻喜菇去掉蒂頭，將番茄切成半月形。
② 把高湯、鴻喜菇放入鍋中，開中火，煮滾後加入番茄再次煮滾。
③ 火轉小，將味噌溶入鍋中後關火。將湯品倒入碗裡，淋上幾圈橄欖油，撒黑胡椒。

1人份　**49**kcal　鹽分**1.9**g

---

**兩種食材的湯品**

### 加醋讓高麗菜更好入口
# 高麗菜海帶芽味噌湯

**材料（2人份）**

高麗菜……1小片（50g）
海帶芽（乾燥）……1g
小魚乾高湯……350ml
醋……1/2小匙
味噌……1又1/2大匙
生薑（磨成泥）……少許

**做法**

① 將高麗菜切成1.5cm的大小。
② 把高湯、醋、高麗菜放入鍋中，開中火，煮滾後將火轉小後再煮5分鐘。
③ 放入海帶芽，味噌完全溶入鍋裡後關火。將湯品倒入碗裡，放上生薑。

1人份　**33**kcal　鹽分**2.0**g

# 胡蘿蔔豆漿味噌湯

想要大量使用胡蘿蔔就煮這道

1人份 79kcal 鹽分1.9g

## 材料（2人份）

胡蘿蔔……1/2根
高湯……250ml
豆漿……100ml
味噌……1又1/2大匙
橄欖油……1小匙
粗粒黑胡椒……少許

## 做法

① 胡蘿蔔切成薄薄的半月形。

② 把橄欖油、胡蘿蔔放入鍋中，開中火拌炒。胡蘿蔔炒軟後倒入高湯煮滾。

③ 火轉小後倒入豆漿，煮1～2分鐘，再加入味噌，溶化完全後關火。將湯品倒入碗裡，撒上黑胡椒。

**重點**

豆漿煮滾的話，蛋白質會逐漸凝固，所以「小火加熱」是訣竅！

沒有碎納豆的話用普通的納豆也OK

# 納豆湯

### 材料（2人份）

碎納豆……1盒
鴻喜菇等喜歡的菇類……50g
長蔥（切蔥花）……8cm
高湯……350ml　味噌……1又1/2大匙
香油……1小匙　七味唐辛子……少許

### 做法

① 香菇切掉根部，切大塊。
② 把香油放入鍋中加熱，然後再放入納豆、香菇，仔細拌炒。
③ 倒入高湯，煮滾後放長蔥，將味噌完全溶入鍋中後關火。將湯品倒入碗裡，撒上七味唐辛子。

1人份：104kcal　鹽分1.9g

---

兩種食材的湯品

菇類可以放金針菇或鴻喜菇

# 鮭魚香菇味噌湯

### 材料（2人份）

水煮鮭魚罐頭……1/2罐（含罐頭湯汁）
舞菇等喜歡的菇類……50g
昆布高湯……350ml
酒……1/2大匙　味噌……1又1/3大匙
萬能蔥（切蔥花）·
生薑（切絲）……各少許

### 做法

① 香菇切掉根部。
② 把昆布高湯、鮭魚罐頭、酒、香菇放入鍋中，開中火，煮滾後將火轉小再煮5分鐘。
③ 將味噌完全溶入鍋裡後關火。將湯品倒入碗裡，放生薑，撒萬能蔥。

1人份：97kcal　鹽分2.3g

1人份 **293**kcal 鹽分**2.3**g

＼滿足！／
## 食材豐富的湯品

定番食材豐富的湯品

# 烤高麗菜燉湯
(做起來放)

## 材料（2人份）

雞翅……4隻
高麗菜……1/6顆（約200g）
洋蔥……1/4顆
胡蘿蔔……1/4根
馬鈴薯……1小顆
青花菜（小朵）……4朵
鹽……2/3小匙
橄欖油……1小匙
顆粒芥末醬……少許

## 做法

① 洋蔥切成半月形，將胡蘿蔔、馬鈴薯切成好入口的大小。雞翅則是撒上鹽巴輕輕按摩後，醃製十分鐘左右。

② 留著高麗菜心縱切分為兩等分。把橄欖油倒入深平底鍋加熱，放入高麗菜，開中火，煎3分鐘，煎到高麗菜的切面上色為止即可取出。

③ 將400ml的水、①、②和青花菜，放入同一把平底鍋中，開中火，煮滾後火轉小再煮10～15分鐘。關火後將湯品盛入器皿中，擠上顆粒芥末醬。

1人份 154kcal 鹽分2.7g

麵包沾取湯汁食用讓人感到非常滿足

# 高麗菜焗烤湯

## 材料（2人份）

高麗菜……1/6顆（約200g）
蘑菇……4顆
乳酪絲……20g
法式長棍麵包（厚度1.5mm）……2片
奶油……8g
牛奶……50ml
顆粒狀的雞湯粉……1/2小匙
鹽……一小撮
胡椒……少許
粗粒黑胡椒……少許

## 做法

① 高麗菜切絲放入耐熱容器，輕輕蓋上保鮮膜後，用600W的微波爐加熱5分鐘。蘑菇切薄片。

② 把奶油放進鍋裡加熱，再將①放入鍋中與奶油仔細拌炒。然後把350ml的水、牛奶、雞湯粉也一起放進去，煮滾後轉中小火，再煮5分鐘，接著用鹽巴、胡椒調味後即可關火。

③ 把乳酪絲平均地放在法式長棍麵包上，用烤箱烤至酥脆。

④ 將②的食材撈起來放入器皿中，放上③後，再倒入湯汁，撒上黑胡椒。

| 1人份 | **196**kcal | 鹽分**3.1**g |

提味秘方的味醂讓食物更好入口

做起來歐

# 紅色蔬菜的義大利雜菜湯

### 材料（2人份）

豬邊角肉……50g
鹽……1小匙
大蒜（切碎）……1/2瓣
A ┌ 胡蘿蔔……1/4根
　├ 洋蔥……1/4顆
　├ 紅椒……30g
　└ 馬鈴薯……1小顆
B ┌ 水煮番茄罐頭……1/2罐（200g）
　├ 味醂……1大匙
　└ 水……150ml
橄欖油……1大匙
起司粉・歐芹（切碎）……各少許

### 做法

① 把A所有的食材都切成1cm的丁狀。豬肉撒點鹽輕輕按摩後放置10分鐘。

② 將橄欖油、大蒜、①都放入鍋中，開小火仔細拌炒約5分鐘。

③ 再將B放入鍋內，轉中火，煮滾後將火轉小再煮10分鐘。將湯品盛入器皿中，撒上歐芹與起司。

1人份 263kcal 鹽分1.3g

食材豐富的湯品

不需要高湯也能吃得營養又美味

# 香菇雞肉燉煮湯 (做起來放)

### 材料（2人份）

雞翅……4隻
水煮蛤蠣罐頭……1罐（含罐頭湯汁）
香菇……2朵
鴻喜菇……50g
大蒜（原本的樣子）……2瓣
生薑（切薄片）……2片

### 做法

① 香菇、鴻喜菇切掉根部。鴻喜菇剝散。

② 把500ml的水，以及其他所有的食材都放入鍋中，開中火，煮滾後將浮在上面的泡泡撈掉，轉小火再煮30～40分鐘，最後用鹽巴（沒有列入食材）調味。

> **重點**
> 因爲集合了各種有鮮味的食材，所以也推薦加入麵線當作主食來吃！

使用了6種抗癌食材的最強湯品

# 鯖魚番茄濃湯

做起來放

1人份 282kcal 鹽分2.0g

## 材料（2人份）

- 水煮鯖魚罐頭……1罐（含罐頭湯汁）
- 水煮番茄罐頭……1/2罐（200g）
- 洋蔥……1/3顆
- 蘑菇……4朵
- 青花菜（小朵）……4朵
- 大蒜（切碎）……1瓣
- 橄欖油……1大匙
- A ┌ 酒……1大匙　味醂……2大匙
  └ 味噌……2/3大匙　水……150ml
- 鹽・胡椒……各少許
- 起司粉・歐芹（切碎）……各少許

## 做法

① 洋蔥切寬度約1〜2mm薄片。蘑菇對半切。

② 將橄欖油、大蒜放入鍋中，開小火，炒到香氣出來後，再放入洋蔥仔細拌炒。

③ 把鯖魚罐頭、番茄罐頭、A、蘑菇、青花菜放入鍋內，轉中火，煮滾後將火轉小再煮10分鐘。用鹽巴、胡椒調味後關火。將湯品盛入器皿中，撒上起司與歐芹。

1人份 : 203kcal 鹽分1.4g

食材豐富的湯品

勾芡湯品好入口

# 麻婆豆腐風的香菇湯

**材料（2人份）**

木棉豆腐……1/2盒
雞絞肉……100g
香菇……1朵
金針菇……30g
大蒜（切碎）……1/2瓣
A ｜ 豆瓣醬・味噌・
　　 伍斯特醬……各1小匙
太白粉……1/2大匙
香油……2小匙
萬能蔥（切蔥花）……少許

**做法**

① 豆腐切成3cm的塊狀。香菇則切成5～6mm的丁狀。金針菇切掉根部後切成1cm的長條狀。

② 將香油、大蒜放入鍋中加熱，接著放入雞絞肉，轉中火拌炒。接著再放入香菇、金針菇、A仔細拌炒。最後再倒入400ml的水、豆腐，湯汁煮滾後再煮5分鐘。

③ 水與太白粉比例2:1，攪拌均勻後倒入②裡，一邊攪拌一邊讓湯汁煮至濃稠。最後把湯品盛入器皿中，撒上萬能蔥。

## 納豆滑菇泡菜湯

三種對腸道有好處的發酵食品

做起來放

1人份 124kcal 鹽分2.2g

### 材料（2人份）

<mark>納豆</mark>……1盒
<mark>高麗菜</mark>……1片（80g）
<mark>泡菜</mark>……60g
<mark>滑菇</mark>……50g
A ┌ 辣椒醬・味噌……各1小匙
　 └ 伍斯特醬……2小匙
香油……2小匙
萬能蔥（切蔥花）……少許

### 做法

① 高麗菜切成好入口的大小，滑菇切掉根部。

② 將香油、泡菜放入鍋中，開中火，拌炒1分鐘。倒入400ml的水、①，轉中火，再煮5分鐘。

③ 把納豆以及攪拌均勻的A，一邊慢慢倒入鍋中一邊仔細攪拌。煮滾後關火，把湯品盛入器皿中，撒上萬能蔥。

1人份 : 279kcal 鹽分 2.4g

食材豐富的湯品

把蛋和大蒜弄碎後再吃
# 大蒜番茄湯

### 材料（2人份）

水波蛋（或溫泉蛋）……2顆
紅椒……1/2顆
大蒜……2瓣
A ┌ 水煮番茄罐頭……1/2罐（200g）
　├ 番茄醬……2大匙
　├ 味醂……1又1/2大匙
　├ 顆粒狀的雞湯粉……1/2小匙
　└ 水……200ml
橄欖油……2大匙
義大利香芹・粗粒黑胡椒……各少許

### 做法

① 薄切紅椒。壓扁大蒜。

② 將橄欖油、大蒜放入鍋中，開小火，炒出香氣。加入紅椒、A，轉中火，煮滾後，把火轉小再煮10分鐘。

③ 把湯品盛入器皿中，放上水波蛋、義大利香芹，再撒上黑胡椒。

1人份 **199**kcal 鹽分**1.4**g

青椒的苦味發揮功效
# 蔬菜豐富的湯咖哩
做起來放

### 材料（2人份）

雞腿肉……120g
洋蔥……1/2顆
胡蘿蔔……1/4根
茄子……1條
青椒……1顆
大蒜（切碎）……1/2瓣
咖哩粉……1大匙
A ┌ 番茄醬……2大匙
　│ 伍斯特醬……2小匙
　└ 水……400ml
橄欖油……1大匙

### 做法

① 洋蔥切薄片。胡蘿蔔、茄子、青椒切滾刀塊狀。雞肉去皮後切成好入口的大小。

② 將1小匙的橄欖油放入深平底鍋中加熱，放茄子開中火炒至上色為止，再放入青椒，大概拌炒一下就能將之取出。

③ 用同一柄平底鍋，再加入2小匙的橄欖油、大蒜、洋蔥、咖哩粉，用中火均勻拌炒後，放入雞肉、胡蘿蔔、A後再煮10～15分鐘。把②再加回去鍋裡，再次煮滾後關火，把湯品盛入器皿中。

1人份 127kcal 鹽分2.2g

食材豐富的湯品

肉感十足的美味丸子

# 雞肉丸子味噌湯 (做起來放)

### 材料（2人份）

雞絞肉……100g
高麗菜……1小片（50g）
鴻喜菇……50g
顆粒狀的雞湯粉……2小匙
A ┌ 洋蔥（切碎）……1/4顆
  │ 生薑（切碎）……1/3片
  └ 味噌・太白粉……各1小匙
萬能蔥（切蔥花）……少許

### 做法

① 高麗菜切成好入口的大小。鴻喜菇切掉根部。

② 把雞絞肉、A放入盆中，仔細揉和，然後捏成大小好入口的圓形。

③ 將400ml的水、顆粒狀的雞湯粉、①放入鍋中，開中火，煮滾後把②也放入鍋裡，火轉小，蓋上鍋蓋煮5分鐘。把湯品盛入器皿中，撒上萬能蔥。

## 番茄麻薏湯

滑順好入口

做起來放

1人份 105kcal 鹽分1.8g

### 材料（2人份）

雞柳……2條
番茄……1顆
黃麻葉……50g
金針菇……50g
香油……1小匙
顆粒狀的雞湯粉……2小匙
太白粉……1小匙

### 做法

① 番茄切1cm丁狀。黃麻葉大概切小片即可。金針菇切掉根部後切成1cm的長度。雞柳去掉筋，切成好入口的大小裹上太白粉。

② 把香油、金針菇放入鍋中，開小火，炒1分鐘左右。再放入400ml的水、顆粒狀的雞湯粉，轉中火，接著也加入雞柳、番茄、黃麻葉，火轉小煮5分鐘左右。

**重點**
非黃麻葉產季時，可以用秋葵或和布蕪，料理起來也非常美味！

1人份 **232**kcal 鹽分**1.9**g

食材豐富的湯品

脆脆又鬆軟新口感

# 豆腐青花菜玉米濃湯

**材料（2人份）**

木棉豆腐……1/2盒
奶油玉米罐頭……1罐（約190g）
青花菜……1/2株
蛋……1顆
鹽麴……1小匙
顆粒狀的雞湯粉……1小匙
香油……2小匙
粗粒黑胡椒……少許

**做法**

① 青花菜分成小朵。豆腐切成好入口的大小。雞蛋打散後加入鹽麴混合均勻。

② 將香油、青花菜放入鍋中，開中火炒1分鐘，然後再加入200ml的水、玉米罐頭、豆腐、顆粒狀的雞湯粉，煮滾後把火轉小再滾5分鐘左右。

③ ②完成後，把①的蛋液繞圈倒入鍋裡，當蛋浮起來後就可以關火，把湯品盛入器皿中，撒上黑胡椒。

1人份 : **240**kcal　鹽分**2.9**g

脆脆的根莖蔬菜增加飽足感
# 鯖魚根莖蔬菜味噌湯

### 材料（2人份）

水煮鯖魚罐頭……1罐（含罐頭湯汁）
胡蘿蔔……1/4根
牛蒡……1/4條　長蔥……20g
香油……1小匙
高湯……400ml
酒……2小匙
味噌……1又1/2大匙
生薑（切絲）……1片

### 做法

① 胡蘿蔔切成薄薄的半月形。牛蒡、長蔥斜切薄片。

② 將香油、①的胡蘿蔔和牛蒡放入鍋中，開中火拌炒，食材皆炒過油後再把鯖魚罐頭、①的蔥、高湯、酒倒進去，轉小火煮10分鐘左右。

③ 味噌仔細溶入湯中後關火，把湯品盛入器皿中，放上生薑。

**重點**
用小火慢燉水煮鯖魚，能讓鮮味溶入湯中，所以千萬不要著急，要小火慢燉！

1人份 112kcal 鹽分2.1g

食材豐富的湯品

用麵味露輕鬆重現蕎麥麵店的咖哩

# 油豆腐青椒味噌咖哩湯

**材料（2人份）**

油豆腐……1/2塊
洋蔥……1/4顆
青椒……1顆
麵味露（3倍濃縮）……1大匙
咖哩粉……1大匙
味噌……1又1/3大匙
太白粉……1大匙
七味唐辛子……少許

**做法**

① 油豆腐切成方便食用的大小。洋蔥切小小的半月形。青椒去掉籽和蒂頭後，縱切成八等分。

② 把咖哩粉倒入鍋中，開小火，炒20秒左右，接著倒入400ml的水、麵味露，轉中火，然後加入味噌仔細攪拌溶化。

③ 放入油豆腐、洋蔥、青椒，煮滾後轉小火，再煮2～3分鐘。

④ 太白粉用加倍的水溶化，倒入③中攪拌均勻，當湯呈現勾芡的樣子即可關火。把湯品盛入器皿中，撒上七味唐辛子。

1人份 109kcal 鹽分1.9g

從塊狀蔬菜裡煮出的美味

# 根莖蔬菜豆漿味噌湯

(做起來放)

## 材料（2人份）

油炸豆皮……1/3片
胡蘿蔔……1/4根
鴻喜菇……40g
蓮藕……30g
牛蒡……1/4條
豆漿……100ml
高湯……250ml
酒……1/2大匙
味噌……1又1/2大匙
萬能蔥（切蔥花）・
　七味唐辛子……各少許

## 做法

① 胡蘿蔔、蓮藕切成1cm的塊狀。牛蒡切成寬度1cm的圓片。鴻喜菇切掉根部後，長度切成1cm。油炸豆皮則切成1cm的正方形薄片

② 把高湯、酒、①放入鍋中，開中火，煮滾後火轉小，再煮15～20分鐘左右，將蔬菜煮軟為止。

③ 倒入豆漿，煮滾後加入味噌仔細攪拌溶化即可關火。把湯品盛入器皿中，撒上萬能蔥和七味唐辛子。

1人份 : **209**kcal 鹽分**2.0**g

食材豐富的湯品

使用加倍的大蒜是重點

# 洋蔥豬肉味噌湯
做起來放

**材料（2人份）**

豬邊角肉……120g
洋蔥……3/4顆
大蒜……1又1/2瓣
高湯……400ml
酒……1大匙
味噌……1又1/2大匙
香油……1/2大匙
萬能蔥（切蔥花）．
　粗粒黑胡椒……各少許

**做法**

① 洋蔥切成寬度5mm的薄片，一瓣大蒜對半切，1/2瓣的大蒜磨成泥。

② 把香油、洋蔥放入鍋中，開較弱的中火拌炒。洋蔥炒軟後，將酒、高湯倒入鍋中，並加入一半的味噌，仔細攪拌溶化。接著再煮15分鐘左右，直到把洋蔥煮到軟爛為止。

③ 放入豬肉，煮滾後將浮在上面的泡泡撈掉，再加入剩下的味噌，仔細攪拌溶化即可關火。把湯品盛入器皿中，再撒上萬能蔥和黑胡椒。

1人份 229kcal 鹽分2.1g

加入豆腐讓丸子鬆軟增加份量

# 雞肉丸子香菇味噌湯

### 材料（2人份）

雞絞肉……150g
木棉豆腐……1/2盒
喜歡的香菇種類2～3種
　……共100g
高湯……400ml
味噌……1又1/3大匙
酒……1大匙
鹽……少許

### 做法

① 香菇去掉根部，隨意切塊。3/4的豆腐切成4cm的長條狀。

② 把絞肉放入盆子裡，加入剩下的豆腐與鹽巴，仔細揉和，然後捏成6顆大小好入口的丸子。

③ 將高湯、酒、①放入鍋中，開中火。煮滾後把②放進來煮2～3分鐘。接著把味噌溶入湯中後蓋上鍋蓋，關火。放置5分鐘左右再度加熱後食用。

**重點**
使用多種富含鮮味的香菇，即使只用少許的味噌，也很夠味！

1人份 **88**kcal 鹽分**2.1**g

食材豐富的湯品

這樣一碗就能非常滿足

# 番茄舞菇豬肉片味噌湯

### 材料（2人份）

豬里肌（涮涮鍋用）……4片
番茄……1/2顆
舞菇……100g
味噌……1又1/2大匙
A ┌ 大蒜（磨成泥）……1/3小匙
  │ 生薑（磨成泥）……1小匙
  │ 高湯……400ml
  └ 酒……1大匙
生薑（磨成泥）·
　青花椰苗……各少許

### 做法

① 番茄切成2cm的塊狀。舞菇撕大瓣。青花椰苗切掉根部。

② 把A、①放入鍋中，開中火，煮滾後火轉小，再滾2～3分鐘後，將味噌溶入湯中。

③ 豬肉請一片一片地放入湯裡，等顏色變了之後即可關火。把湯品盛入器皿中，再放上生薑、青花椰苗。

075

\冷凍OK！/
## 香濃美味的濃湯

## 胡蘿蔔濃湯

抗癌食材一次大量料理

冷陳保存

1人份 163kcal 鹽分2.2g

### 材料（2人份）

胡蘿蔔……2根　洋蔥……1/4顆
生薑……1/2片
白飯（也可以用冷飯）……60g
昆布高湯……200〜250ml
鹽……1小匙
A ┌ 味噌……1/2大匙　奶油……20g
　└ 昆布高湯……300〜350ml
橄欖油……2大匙
義大利香芹・粗粒黑胡椒……各少許

### 做法

① 胡蘿蔔切薄片。洋蔥、生薑切碎。

② 把橄欖油、①、鹽巴放入鍋中，開中火大致拌炒一下後，蓋上鍋蓋蒸煮10分鐘，接著加入白飯與昆布高湯，再次蓋上鍋蓋，轉小火煮10分鐘左右。

③ 將②放入攪拌機中，徹底攪拌均勻後，再倒回鍋內。

④ 把A放入鍋中，將火轉小，攪拌均勻。把湯品盛入器皿中，放上義大利香芹，撒上黑胡椒。

※不用攪拌機，使用手持式料理攪拌棒放入鍋中攪拌也OK。其他的濃湯也相同。

076

1人份 152kcal 鹽分1.3g

莖的部分也使用的話能提高甜味

# 青花菜濃湯
冷凍保存

## 材料（2人份）

青花菜……1株　洋蔥……1顆
白飯（也可以用冷飯）……60g
水……300〜350ml
牛奶……200〜250ml
顆粒狀的雞湯粉……2小匙
鹽……1/4小匙
橄欖油……2大匙
粗粒黑胡椒……少許

### 重點

使用厚鍋來做濃湯更好燉煮。要冷凍的時候，湯品完成後倒入密閉容器或是保鮮密封袋，降至室溫後再冷凍。

## 做法

① 青花菜分成小朵，剝掉青花菜莖部的厚皮，然後全部切碎。洋蔥切碎。

② 把橄欖油、①、鹽巴放入鍋中，開中小火加熱5分鐘左右，並將蔬菜炒軟。接著將白飯、顆粒狀的雞湯粉、水也加入鍋裡，蓋上鍋蓋，轉小火煮10分鐘左右。

③ 將②放入攪拌機中，徹底攪拌均勻後，再倒回鍋內。

④ 把牛奶倒入鍋中，將火轉小，攪拌均勻。把湯品盛入器皿中，撒上黑胡椒。

## 用蒸煮的方式帶出食材的鮮味
# 高麗菜濃湯

冷凍保存

1人份　84kcal　鹽分1.5g

### 材料（4人份）
高麗菜……1/6顆（200g）　金針菇……50g
鹽……1/4小匙　橄欖油……1大匙
大蒜（切碎）……1瓣
A ┌ 白飯（也可以用冷飯）……70g
　├ 昆布高湯……300〜350ml
　└ 顆粒狀的雞湯粉……2小匙
昆布高湯……300〜350ml
橄欖油・粗粒黑胡椒……各少許

### 做法
① 高麗菜切絲。金針菇去掉根部後切碎。

② 把橄欖油、大蒜放入鍋中，開小火，炒至散發出香氣為止。接著加入①和鹽巴，蓋上鍋蓋，用小火蒸煮3〜5分鐘後，將A也放入鍋裡，蓋上鍋蓋用小火再煮10分鐘左右。

③ 將②放入攪拌機中，徹底攪拌均勻後，再倒回鍋內。接著倒入昆布高湯，用小火加熱。把湯品盛入器皿中，淋上幾圈橄欖油，撒上黑胡椒。

---

### 材料（4人份）
水煮番茄罐頭……1罐（400g）
胡蘿蔔……1/4根　蘑菇……10朵
橄欖油……1大匙　鹽……1小匙
白飯（也可以用冷飯）……60g
昆布高湯……250〜300ml
味醂……1大匙
青紫蘇（切絲）……少許

### 做法
① 胡蘿蔔、蘑菇切薄片。

② 把橄欖油、①放入鍋中，撒上鹽巴，開中火，將所有食材都炒軟。然後加入番茄罐頭、白飯、味醂，蓋上鍋蓋，轉小火煮10分鐘左右。

③ 將②放入攪拌機中，徹底攪拌均勻後，再倒回鍋內。

④ 倒入昆布高湯，用小火加熱並攪拌均勻。把湯品盛入器皿中，淋上幾圈橄欖油（未含在食材中），放上青紫蘇。

## 夏天時冰涼後食用也非常美味
# 番茄和風濃湯

冷凍保存

1人份　90kcal　鹽分1.6g

## 沒有食慾的時候請使用咖哩粉
# 洋蔥大豆咖哩濃湯

冷陳保存

1人份 181kcal 鹽分0.8g

香濃美味的濃湯

### 材料（4人份）
洋蔥（切碎）……1/2顆
金針菇……100g　大蒜（切碎）……1/2瓣
咖哩粉……1大匙
A｜蒸大豆……150g
　｜白飯（也可以用冷飯）……60g
　｜水……250〜300ml
橄欖油……2大匙
水……200〜250ml　味噌……1大匙

### 做法
① 金針菇去掉根部後切碎。把橄欖油、洋蔥、金針菇、大蒜、咖哩粉放入鍋中，開中火，炒5分鐘左右，炒至散發出香氣後，放入A，蓋上鍋蓋，煮約10分鐘。

② 將①放入攪拌機中，徹底攪拌均勻後，再倒回鍋內。

③ 加入水、味噌，用小火加熱。把湯品盛入器皿中，放上各少許的蒸大豆和咖哩粉（皆非標準份量）。

---

### 材料（4人份）
蘑菇……10〜20朵（200g）
洋蔥……1/2顆　鹽……1小匙
A｜起司……50g
　｜白飯（也可以用冷飯）……70g
　｜水……300〜350ml
橄欖油……1大匙
水……150〜200ml
鹽·胡椒……各少許

### 做法
① 蘑菇切薄片。洋蔥切碎。

② 把橄欖油、①放入鍋中，撒上鹽巴，開中火，將食材炒軟後，加入A，蓋上鍋蓋，煮10分鐘左右。

③ 將②放入攪拌機中，徹底攪拌均勻後，再倒回鍋內。

④ 倒入水，小火加熱，用鹽巴、胡椒調味後，把湯品盛入器皿中，放上幾片切成薄片的蘑菇（非標準份量）。

## 便宜的時候可以大量購入
# 蘑菇濃湯

冷陳保存

1人份 105kcal 鹽分1.6g

## 海藻也能做濃湯
# 海帶芽奶油濃湯
（冷陳保存）

**材料（4人份）**

海帶芽（乾燥）……15g
蘑菇……6朵　金針菇……1/2顆
牛奶……250～300ml
A ┌ 白飯（也可以用冷飯）……60g
　├ 顆粒狀的雞湯粉……2小匙
　└ 水……500～550ml
橄欖油……2小匙
奶油……10g　鹽……少許

**做法**

① 海帶芽泡水還原後大致切碎。蘑菇切薄片，洋蔥切碎。

② 把橄欖油、①放入鍋中，開中火，將食材炒軟後，加入A，蓋上鍋蓋，煮10分鐘左右。

③ 將②放入攪拌機中，徹底攪拌均勻後，再倒回鍋內，接著將牛奶、奶油、鹽巴放入鍋裡，小火加熱。把湯品盛入器皿中，淋上幾圈生奶油（未含在食材中）。

1人份　115kcal　鹽分1.9g

---

**材料（4人份）**

A ┌ 蒸大豆……150g
　├ 大蒜（壓碎）……3瓣
　└ 橄欖油……2大匙
B ┌ 白飯（也可以用冷飯）……70g
　├ 顆粒狀的雞湯粉……2小匙
　└ 水……300～350ml
C ┌ 味噌・起司粉……各1大匙
　├ 熟白芝麻……2大匙
　└ 水……200～250ml
起司粉・粗粒黑胡椒……各少許

**做法**

① 把A放入鍋中，開小火，炒至散發出香氣後，加入B，蓋上鍋蓋，煮10分鐘左右。

② 將①放入攪拌機中，徹底攪拌均勻後，再倒回鍋內。

③ 把C加入鍋裡，用小火加熱。把湯品盛入器皿中，撒上起司、黑胡椒。

## 熟芝麻滋味豐富
# 大豆大蒜芝麻濃湯
（冷陳保存）

1人份　230kcal　鹽分1.8g

## 食譜的注意點

**■保存方法■**

◎除了濃湯之外，其他湯品和味噌湯的食譜的份量都是兩人份，但如果有標明(做起來放)的食譜，請留意保存期限，可多做2～3倍的量再保存起來，但請注意須仔細加熱後再保存。

◎(做起來放)的湯品放冷藏室保存時，請一定要放涼了再放入冷藏室。容器一定要仔細洗乾淨後將水擦乾，確定容器是乾淨且乾燥的狀況再使用。

◎標明(冷凍保存)的濃湯，則須等濃湯放涼後再倒入冷凍用的保鮮袋裡，仔細封口後再放入冷凍室。另外，濃湯也能跟「做起來放」的湯品一樣，放冷藏室的話可以保存2～3天。

**■調味料■**

◎味噌因牌子不同，鹽分的含量也會有差異，因此味噌要放多少請視味道調整。顆粒狀的雞湯粉、日式白高湯、鹽麴也一樣。

◎有的顆粒狀的雞湯粉裡面會加入食鹽。若使用沒有加入食鹽的顆粒狀的雞湯粉，請視味道每1小匙雞湯粉，追加2g的鹽。

**■魚罐頭■**

◎鮭魚罐頭，請不用買紅鮭或白鮭，而是要使用富含Omega-3脂肪酸的粉紅鮭。

◎本書食譜的營養成分數據是根據「日本食品標準成分表」，而魚罐頭為了鮮味會使用罐頭湯汁，所以營養成分數據則是參考Maruha Nichiro Corporation*的各個商品(「水煮鯖魚罐頭」、「北海道水煮沙丁魚罐頭」、「曙鮭魚罐頭」)。

◎魚罐頭因牌子不同，鹽分的含量也會有所差異，所以若使用上述以外的魚罐頭時，請視味道調整鹽巴的份量。

\*日本最大的海鮮產品公司之一。

# 做出自己喜歡的味道！湯品&味噌湯的一些小技巧

你做過以及吃過幾種「長壽湯品」了呢？

一開始會希望大家能先按照食譜的步驟做做看，待做習慣後推薦自我流的「一些小技巧」。

例如，如果想要讓味道更豐富，可以加入芝麻粉；若想要增添風味，可以加入撕碎的海苔。做出味道不同但更符合自己口味的湯品。

從下一頁開始，介紹一些家中冰箱或是食品櫃裡如能常備會很方便的乾貨、調味料和香料等東西。

若能每天不厭煩地持續下去的話就太好了。

# 美味小技巧乾貨

### 海苔
只要一點點,海洋的香氣馬上就能在口中擴散。絕對不能使用剪刀,要用手撕開放入湯品裡。

### 芝麻粉
使用熟芝麻粉時,可以用拇指與食指稍微揉捻一下芝麻粉,使其散發出香氣。

### 帕馬森起司
就是起司粉。番茄系的湯品和起司粉非常合拍,其實,在味噌湯裡放一些起司粉也很美味。

### 柴魚片
只要加入湯裡,馬上就能感受到鰹魚的風味,是很有幫助的食材。因為香氣馬上就會消散,建議分成小包裝使用。

### 櫻花蝦
家裡要常備著櫻花蝦,當覺得味道不足時,可以馬上拿來用,是很方便的食材。就算是普通的「蝦米」也沒問題。

## 美味小技巧佐料

### 柚子胡椒
柚子的風味和唐辛子的辣味是改變味道的最棒佐料。冰箱備著一罐，能讓料理的層次提升。

### 生蒜泥
大蒜的抗癌效果超群。如果不討厭大蒜的話，每道湯品都可以或多或少加一點。

### 生薑末
雖然不少食譜使用了生薑末，但其實如果覺得湯品味道淡的時候，也可以加生薑末。

## 美味小技巧辛香料

### 胡椒
味道不夠時可以加入辛香料。餐桌上不要放鹽巴，請一定要放胡椒和七味唐辛子。

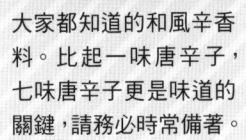

### 七味唐辛子
大家都知道的和風辛香料。比起一味唐辛子，七味唐辛子更是味道的關鍵，請務必時常備著。

### 顆粒芥末醬
獨特的酸味可以補強鹹味。味道太淡時，與其加鹽巴或是醬油，可以先選擇加顆粒芥末醬。

# 美味小技巧調味料

### 巴薩米克醋
味道和一般的醋不同，也可將食譜中的「醋」換成巴薩米克醋喔。

### 番茄醬
番茄是美味的寶藏。隨時可以輕鬆使用是番茄醬的優點。和味噌湯也很合！

### 醬料
使用許多蔬菜製成的醬料，放進湯裡可以增加味道的層次。覺得不夠味時，可加1小匙試試。

### 辣油
加了辣味的香油。食譜材料中的「香油」，也可以按照自己的喜好改為辣油。

### 香油
香油可以改變風味，如果不喜歡湯品的味道，可以用香油補救。

### 魚露
泰國料理經常使用魚露，加一點點就能馬上感受到亞洲風情。非常適合和大蒜一起使用。

# 抗癌食材別索引

### 高麗菜
35, 36, 39, 40, 45, 52, 54, 55, 58, 59, 64, 67, 78

### 青花菜
36, 37, 44, 50, 51, 53, 58, 62, 69, 77

### 青花椰苗
32, 34, 35, 75

### 洋蔥
33, 46, 58, 60, 62, 66, 67, 71, 73, 76, 77, 79, 80

### 大蒜
40, 41, 43, 44, 47, 48, 50, 52, 60, 61, 62, 63, 65, 66, 73, 75, 78, 79, 80

### 豆腐
31, 34, 45, 53, 63, 69, 74

### 油豆腐、油炸豆皮
35, 42, 51, 71, 72

### 蒸大豆
41, 79, 80

### 納豆
57, 64

### 豆漿
30, 56, 72

### 香菇類
32, 34, 39, 40, 41, 42, 43, 47, 49, 53, 55, 57, 59, 61, 62, 63, 64, 67, 68, 72, 74, 75, 78, 79, 80

### 水煮鯖魚罐頭
41, 52, 53, 62, 70

### 水煮鮭魚、沙丁魚罐頭
37, 48, 49, 57

### 海藻類
31, 33, 34, 38, 39, 41, 45, 47, 55, 80

### 番茄
30, 31, 33, 34, 38, 43, 46, 47, 48, 51, 54, 55, 68, 75

### 水煮番茄罐頭
43, 50, 60, 62, 65, 78

### 胡蘿蔔
39, 49, 56, 58, 60, 66, 70, 72, 76, 78

# 第 3 章

# 戰勝癌症
# 的
# 飲食方法

這一章主要說明主食和主菜的吃法，
以及吃飯的順序和時間。
請和第 2 章的食譜一起搭配執行看看，
一定可以降低罹癌的風險。

# 吃太多白飯、麵包、麵類等含醣量較高的食物，恐加速癌症惡化

到目前為止介紹了湯品和味噌湯，但只喝湯肚子容易餓，所以還是需要攝取白飯或麵包等主食，不過這邊有個需要特別注意的地方。

白飯或麵包因為含醣量較高，食用後會讓血糖上升，若持續維持高血糖狀態，癌症加速惡化的可能性就會很高。

根據資料，給癌細胞葡萄糖的話，會提高細胞增長和移轉所需的能力，而血糖上升時所分泌的胰島素也會促使癌症惡化。另外，身體長期處在高血糖狀態下，會引起慢性發炎，進而導致罹癌。事實上，有許多的研究發現，高血糖的癌症患者生存率低，而罹癌後進行低醣飲食的患者反而較為長壽。

換而言之，控制飲食最重要的理由在於預防讓血糖值過度上升。因此，我會請我的患者控制主食的攝取量。

最簡單的控制方法是，**早中晚什麼時候都可以，食用湯品的那一餐，請不要吃白飯或麵包等主食，或少量攝取**，取而代之的是多攝取肉類或魚類多的主菜。第92頁會再詳細說明。湯品中的食材可以增加飽足感，所以就算主食吃得少，意外地不會容易感到飢餓。請大家務必試一次看看。

雖然要讓已出現的癌症消失很難，但只要像這樣「輕鬆地限制醣分」，就能預防高血糖，也能預防和血糖值有高度關聯的大腸癌、乳癌、子宮體癌等癌症的發生，以及降低其惡化速度。

另外還有一點很重要。

正在治療糖尿病的患者，或是有胰臟炎、肝硬化、腎臟功能低下的患者，限制醣分是件很危險的事情，所以這類的病患在執行限制醣分飲食前，請務必先找主治醫師討論。

# 遠離癌症的「肉類」飲食・選擇方法

主食之後，要說明主菜。

說到主菜，大家第一個想到的就是肉類吧。不過，肉類其實也需要特別注意，因為當中有容易致癌的肉類。

首先是加工肉品。**培根、火腿、香腸、義大利香腸、鹹牛肉、牛肉乾等加工肉品**，在加工過程中會加入致癌的亞硝酸鹽等食品添加物。世界衛生組織（WHO）把加工肉品和香菸以及石綿都歸類在「已確定會致癌的物質類別」裡。

另外，牛肉、豬肉、羊肉等肉類裡面所含的血紅素，以食物的形式被攝取進入體內後，會產生活性氧，提高罹癌風險。

090

話雖如此,並不是指吃了這些肉就會馬上罹癌。根據研究,加工肉品每天的攝取量若增加50g,罹患大腸癌的風險就會提高18%。50g的量,以維也納香腸為例,一根維也納香腸是20g,等於吃2.5根。火腿一片是13g,等於吃4片左右的程度。假設,**每天早上吃火腿蛋一次吃了4片火腿,維也納香腸吃2至3根的話,罹患大腸癌的風險會比沒有吃的人高出2成。**

從研究報告也得知,牛肉和豬肉的攝取量每天增加100g的話,罹患大腸癌的風險會上升17%,罹患其他癌症的機率也會跟著提高。不過,日本人原本肉類的攝取量就偏少,所以不需要特別避開牛肉和豬肉。

其他更需要注意的是奶油和豬油這類飽和脂肪酸的油脂,這種油脂確實會提高罹癌風險,所以肉類裡面**富含飽和脂肪酸的豬五花、牛五花、雞皮等需要特別注意不可食用過量。**

無論如何,肉類是擁有豐富蛋白質,對身體而言是不可欠缺的食材,所以選擇脂肪含量少的里肌肉或雞肉,才是聰明攝取肉類的方法。

# 「優先喝湯」健康效果倍增

到目前為止，已經介紹了白飯、麵包等主食或是肉類的食用方法，但想要降低罹癌風險，還有一個不可或缺的飲食方法。

那就是飲食順序。第88頁提到「血糖值高的話會加速癌症惡化，所以必須控制白米和麵包等主食的攝取」，事實上餐後血糖值的上升，和從什麼東西開始吃有很大的關聯。

理想的飲食順序是…

① **湯品或副菜的蔬菜**
② **肉或魚的主菜**
③ **白飯或麵包的主食**

請先吃膳食纖維豐富的蔬菜，醣分高的主食放到最後再吃。

想必已經有很多人知道，先吃蔬菜是減重以及有效預防糖尿病的飲食方法。**蔬菜裡面富含的膳食纖維可以延緩腸道吸收醣分的速度，預防用餐後的血糖值急劇地上升。**

所以，如果餐點中有沙拉或者副菜是蔬菜時，先吃蔬菜一定有幫助的。

但是如果遇到餐點只有湯品或是只有味噌湯裡有蔬菜時，請務必執行「優先喝湯」。

這樣做的重點在於攝取膳食纖維，所以要吃掉湯品裡的食材。而湯裡也含有多種的營養成分，所以請一定要把湯一起喝掉。湯和白飯一起吃掉也無妨。

「優先喝湯」不只能讓血糖上升的速度變慢，先吃湯裡的食材，還能夠藉由咀嚼這個動作來刺激飽食中樞，產生的飽足感可以避免攝取過多的主食，有雙重抑制血糖上升的功用。

遠離癌症請務必執行優先喝湯。

093　第3章　戰勝癌症的飲食方法

## 味噌湯可以降低罹癌風險，但要注意鹽分

我的患者罹患胰臟癌，經手術後曾局部復發，但開始進行飲食控制後數年癌症不再復發，我在〈前言〉曾經提過這位女患者，她主要的飲食方式是每天早上使用抗癌食材，做出蔬菜食材豐富的味噌湯。味噌湯裡有食材的營養，也有由大豆發酵的味噌所擁有的健康效果，是非常推薦的湯品。

味噌等大豆食品所含的大豆異黃酮，擁有強效阻礙血管新生的作用。血管新生是一種讓血管增生的機能，癌症會利用這種機能成長，所以阻礙這項機能就能預防癌症。

以日本人為對象的大規模調查中，得到**攝取較多味噌湯的人即使罹患胃癌，也能**罹患乳癌，以及攝取較多大豆食品或味噌湯的人即使罹患胃癌，也能

## 降低3成死亡率的報告。

味噌等發酵食品還可以改善腸道環境，而腸道環境與癌症則息息相關。例如，癌症患者的腸道細菌種類比未患病者少之外，特定的壞菌也會增加。目前已得知，大腸癌患者腸內有很多會導致牙周病的具核梭桿菌，這種菌除了導致抗癌劑的效果不佳之外，還會降低病患的生存率。

也就是說，如能用味噌來調整腸道環境，**不只能預防癌症，還能提高癌症治療的效果。**

不過，味噌唯一的缺點是含鹽量。許多的研究證實鹽分攝取過多會提高罹患胃癌的風險。本書介紹的味噌湯食譜都會盡量控制鹽分，但老實說，味道淡的味噌湯的確不夠美味，而且不管如何味噌湯的鹽分都會比其他湯品來得多，因此，建議不要只依賴味噌湯，而是希望能做出各方面都均衡的湯品。

095　第3章 ● 戰勝癌症的飲食方法

# 甜點的水果，可以降低罹癌風險

你知道攝取大量水果的人較不易罹癌嗎？

根據以日本人為主的研究報告，得知1週至少吃1次水果的人比起幾乎不吃水果的人，罹患胃癌的風險降低30％。

水果富含維生素、礦物質、膳食纖維等營養素，都是降低罹癌風險所不能或缺的。水果裡面還有具有抗氧化作用和抗發炎作用的多酚，多酚對於預防癌症以及在支持癌症治療上也有效果。

雖然現在還無法明確證明特定的水果與癌症風險之間的關係，但從動物實驗報告中可以得知確實有其效果。這邊介紹五種水果。

首先是**巴西莓**。巴西莓含有豐富的花青素等多酚，具有抗氧化作用、抗

096

發炎作用以及阻礙血管新生作用，有抑制癌症的功效。巴西莓的多酚約是可可亞的4.5倍，約是藍莓的18倍，還是含有鐵質、膳食纖維、礦物質、維生素C的超級食物。

接著是黑莓、藍莓，也含有大量的花青素，擁有強大的抗氧化作用。特別是**黑莓**，可讓名為自然殺手細胞的免疫細胞活性化，還可以幫助抑制大腸癌的發生與惡化。**藍莓**也有報告顯示含有高抗氧化作用和抗發炎作用，可以降低罹患乳癌的風險。

再來是**蘋果**，蘋果也含有豐富的多酚，其中名為根皮素的多酚除了可以抑制癌細胞增生之外，還有消滅癌細胞的作用，近年來受到注目。

最後是**橘子等柑橘類水果**。擁有能夠抑制癌症抗氧化成分的豐富維生素C與類胡蘿蔔素，可以降低罹患乳癌的風險。

水果的建議攝取量，1天約100g，蘋果的話大概是1／2顆左右的程度。另外需要特別注意的是果汁，有的果汁不僅只有原本水果當中的果糖，還添加了糖漿、轉化糖漿等高濃度的糖，易導致高血糖之外，還會提高罹癌風險。攝取水果的話請避免喝果汁，請直接吃水果吧。

# 癌症專科醫師推薦的「甜點」BEST 3

接下來介紹甜點。既然要吃甜點,那麼當然要選擇對預防癌症有幫助的3種甜點。

首先是堅果。堅果除了含有膳食纖維、維生素、礦物質之外,還含有天然多酚的鞣花酸、Omega-3脂肪酸裡的α-次亞麻油酸等豐富的抗氧化成分。

許多的研究報告顯示堅果具有預防癌症的功效。

根據經常攝取堅果的地中海飲食的效果比較實驗,每週至少吃3次拳頭大小量的堅果的人,罹癌後的死亡風險可以降低40%。以罹患大腸癌與乳癌的患者為主的研究報告則顯示,攝取堅果也能減少癌症再次復發的機率,並延長生存時間。

098

推薦的種類是能夠成長為樹木的堅果，例如**開心果、核桃、杏仁、腰果、榛果、夏威夷果**等，但要小心不要吃太多，避免脂肪量攝取過多、卡路里過量的問題。

第二種推薦的是優格。富含乳酸菌、比菲德氏菌等好菌的發酵食品，可以改善腸道環境。

從最近的研究得知，腸道環境差會導致癌症等各式各樣的疾病產生。也有研究顯示癌症患者的腸道比起健康的人無法維持菌叢的多樣性。

調整腸道環境，需要有乳酸菌等等的好菌以及好菌的養料膳食纖維，兩項必須一起做到才行。吃優格的時候，**請選擇不加糖的原味優格，並在上面淋上好菌的養料寡糖**，這樣吃效果更好。

第三種是高可可巧克力。巧克力的原料是可可豆，可可豆含有豐富的抗氧化作用和抗發炎作用的多酚，除了能預防癌症之外，還可以預防動脈硬化、高血壓、腦中風等疾病。推薦**無糖的高可可黑巧克力**，可降低血糖。

# 「太晚吃晚餐」會增加罹癌風險

根據最近的研究報告得知「晚餐太晚吃的人，罹癌風險高」。罹癌風險除了飲食順序之外，還有「什麼時候吃」，和飲食的時間有很大的關係。

以4萬名法國人為主的研究，得知**每天的最後一餐若是在21點半以後進食的人，女性罹患乳癌的風險會高出1.5倍，男性罹患攝護腺癌的風險則高出2.2倍。**

晚餐太晚吃，會導致調解睡眠、起床、體溫、血壓、賀爾蒙分泌，以及調節身體24小時活動時間的體內時鐘紊亂，改變賀爾蒙的分泌量，進而提高罹患和賀爾蒙有強烈相關的癌症的風險。

根據中國的研究，吃完晚餐後2至3小時以內就睡覺的人，比起4小時

後才就寢的人，罹患大腸癌的風險高了2.5倍。相同的，吃完晚餐後馬上睡覺的人，罹患乳癌、前列腺癌的機率也會比較高。

也就是說，**一吃完晚餐就睡覺的人較容易罹患各種癌症。**

另外也有報告指出「晚上進食癌症復發機率高」。美國調查初期乳癌患者的飲食習慣，發現晚餐後到隔天早餐的這段時間，不再進食的時間未滿13個小時的女性比起禁食超過13個小時的女性，癌症復發率高出36％，死亡率高出21％。

晚上禁食時間短的人，比起禁食時間長的人，血糖值會比較高。我們已經知道若一直處於高血糖的狀態下會使得癌症惡化，所以對癌症患者而言，晚上長時間的禁食是很重要的。

**三餐的時間請盡可能規律，晚餐可以的話請盡早吃完。**吃完飯至少要3個小時後再睡覺，請避免吃消夜。萬一出現太晚吃晚餐的情況，為了確保夜間的禁食時間，隔天早餐可以晚一些時間再吃。

# 「不吃早餐」容易罹癌

一日之計在於晨，早上是最需要熱量與營養的時候，所以為了維持健康一定要吃早餐。不吃早餐容易導致體重增加，提高肥胖的機率，還會導致高血壓、脂質代謝異常、糖尿病等生活習慣病，也容易罹患與心臟、血管有關的疾病。因為罹患這些疾病的風險高，所以不吃早餐的人壽命會比較短。

而且，早餐與癌症風險息息相關。

以美國7000位民眾為主的研究，顯示**不吃早餐比每天吃早餐的人因癌症死亡的風險高出52%**，綜合所有死亡原因的風險則高達69%。

以日本人為主的研究，死因包含癌症在內的死亡風險報告顯示，不吃早

不吃早餐的人死亡風險，男性高出43％，女性則高出34％，尤其是跟循環系統有關的疾病，死亡風險更高。

不吃早餐容易罹患什麼樣的癌症呢？根據中國大規模的觀察研究，調查了早餐和消化系統的罹癌風險，發現不吃早餐的人罹患食道癌的風險是2.7倍、罹患大腸癌的風險是2.3倍、罹患肝癌的風險是2.4倍，而罹患膽管癌的風險則是5.4倍。

而每週吃1至2次早餐的人，罹患胃癌的風險是3.5倍、肝癌的風險是3.4倍。也就是說**完全不吃早餐，或偶爾吃早餐的人，罹患消化系統癌症的風險較高。**

為了降低罹癌風險，最好每天吃早餐。但是，若吃太多放了添加物的甜點麵包以及含糖的罐裝咖啡，罹癌風險也會偏高，請小心注意。

# 請注意泡麵、零食、飲料、漢堡等

你是否曾聽過「超加工食品」呢？

加工食品是指，為了讓味道好吃、外表好看，或是能更長時間常溫保存而加了許多添加物或保存劑的食物。而其中加工程度非常高的就是超加工食品。**便利商店或是超市裡賣的甜點麵包、泡麵、袋裝零食、使用砂糖的甜點心、飲料、使用加工肉品的漢堡等**，都屬於超加工食品。

超加工食品加了糖和鹽，含有飽和脂肪酸和反式脂肪等對身體不好的油類、防腐劑、色素等非常多的添加物，日常生活裡太常攝取這類食物的話，容易罹患心血管疾病、肥胖和血脂異常、高血壓、糖尿病等生活習慣病以及內臟脂肪的增加，罹癌風險也會因此提高。

104

以法國10萬人為主的研究發現，吃了很多超加工食品的人比起吃得**最少的人，罹患癌症的風險高了20％以上。**

而關於容易罹患哪一種癌症，全世界也有各樣的研究報告。根據三個大規模的觀察研究統整分析，罹患大腸癌的風險提高30％，特別是罹患肛門附近的乙狀結腸癌與直腸癌的風險高達70％。大腸癌是一種典型的癌症，其罹患風險深受食物影響，需要特別注意。

超加工食品中會提高罹癌風險、需要特別注意的危險因子，是果汁和汽水等含糖飲料。根據法國研究報告，每天只要多喝100 ml的含糖飲料，罹癌風險就會提高18％。

目前為止尚未有以日本人為主的超加工食品的研究數據，不過，日本是便利商店非常普及的國家，超加工食品的消費量每年都在增加，因此合理推斷國人罹癌風險也會提高。**建議盡量使用新鮮食材烹煮，並減少去便利商店的次數。**

# 酒少喝一杯，改喝咖啡吧

酒和許多癌症有關，飲酒量越多，罹患各種癌症的風險也會增加，這是無法否認的事實。因此控制飲酒量，或是即使喝酒也要設定肝臟休息日是很重要的。話雖如此，對於喜歡喝酒的人來說，接受這樣的建議實在是件難事。

所以我的建議是，例如將飯後的一杯酒換成咖啡。**用餐時喝的啤酒、燒酎兌水、Highball等等，不要因為習慣使然，連餐後也接著喝，此時請把酒換成咖啡吧。**

從以前就有人說過，咖啡裡含的多酚可以預防生活習慣病和癌症，最近國內外也有多項研究證實咖啡的確有預防癌症的功效。

根據過去的報告研究分析，多喝咖啡的人比起少喝的人，可以降低罹患

106

各種癌症的風險，而其中能進一步確定可以降低風險的癌症種類有：前列腺癌、子宮體癌、口腔癌、皮膚癌等。日本也做了以9萬人為對象，針對咖啡攝取與肝癌發生機率的大規模研究。從這個研究得知，**幾乎每天喝咖啡的人比起不太喝的人，罹患肝癌的風險減少了一半，而每天喝5杯以上的人罹患肝癌的風險則降至1/4。**

喜歡喝酒的人需要特別留意的是咖啡可以降低罹患肝癌的風險的這個事實，既然如此，難道不想嘗試「替換」一下嗎？

也有些人晚上喝咖啡會睡不著覺，但請放心，無咖啡因（低咖啡因）也有同樣的功效，在意的人可以喝無咖啡因的咖啡。另外，也有研究指出即溶咖啡也有同樣的功效，只是要注意市售的咖啡大多加了大量砂糖，須留意攝取量。

> 經驗談

# 「『抗癌味噌湯』阻止癌症惡化」

鳩原 世津子 小姐

〈前言〉和第94頁裡提到我的患者鳩原世津子小姐,大約是在八年前罹患了第3期的胰臟癌,經由手術切除了一半的胰臟,但術後約兩年切除的部位再度復發,於是進行了約一年左右的化療,而後按本人的意願停止了化療。

之後經過定期的追蹤觀察,發現顯示癌細胞活動性的腫瘤標記指數降低了,患者也過著非常有元氣的生活。詢問本人後才知道,患者非常注意

飲食，每天早上都會吃一碗食材豐富的味噌湯。鳩原小姐說：「化療時因為嚴重的口內炎副作用，無法好好地進食，於是希望終止已做了一年的化療，並思考著自己還能做哪些努力，也從佐藤醫師那得到了建議，於是開始進行自我飲食管理。」

「手術拿掉一半的胰臟後，因為胰島素的分泌變弱，所以入院期間吃的是糖尿病患的菜單，我參考此菜單，並從書中或是網路上搜尋對身體好的飲食，所以做出了豐富食材的味噌湯，裡面放了蔬菜、香菇、海藻等6至7種食材。」

我問了鳩原小姐味噌湯裡還放了哪些食材，得知還放了很多高麗菜、青花菜、豆腐、海帶芽、鴻喜菇、胡蘿蔔等具有抗癌功效的10種食材。鳩原小姐自己就創造出一份可以稱為「抗癌味噌湯」的食譜。

> 經驗談

「蔬菜放越多越好。早上和晚上，要多吃2至3項的蔬菜，調理方式盡量簡單，例如川燙後冰在冷凍庫裡的高麗菜或青花菜，可以當作常備菜保存，方便食用，對三餐很有幫助。」

根據海外大規模的研究，吃越多蔬菜的人不只是癌症，就連綜合死亡風險最大都能減少40%以上。鳩原小姐攝取豐富蔬菜的飲食方式剛好與健康長壽的方法不謀而合。

關於主食部分，要執行的是和緩控醣。

「因為早餐吃了食材豐富的味噌湯，肚子很飽，所以不用吃主食，中午可以選擇糙米或蕎麥麵，晚餐則是雜糧米等顏色豐富的食材。」

雖然沒有白米飯會增加罹癌風險的研究數據，但卻有白米飯、白吐司、烏龍麵等精緻的碳水化合物，比起糙米、雜糧米等未精緻過的食品膳食纖維含量少，導致血糖容易上升易罹患糖尿病的報告。

「主菜以魚為主，可沾著糖醋醬或柑桔醬一起食用。可以的話盡量不要攝取過多鹽分，所以鮭魚等魚類會選擇無鹽的，味噌湯味噌也盡量淡一

## 鳩原小姐某天的早餐

**涼拌蔬菜**
醋可以有效改善內臟脂肪和血壓，非常適合用來預防生活習慣病。

**米糠醃黃瓜**
米糠醬菜是乳酸菌發酵食品，對腸道環境有益，十分推薦。

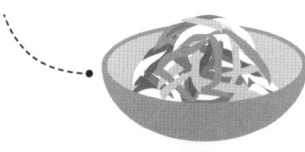

**芝麻涼拌菜**
蘆筍與納豆的涼拌菜。納豆是大豆食品也是發酵食物，具有雙重功效。

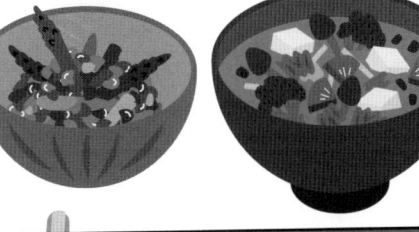

**食材豐富的味噌湯**
這一天放的是青花菜、高麗菜、豆腐、胡蘿蔔、海帶芽、鴻喜菇等許多抗癌食材。

經驗談

些。肉類的話，每個月吃2至3次，大概是吃燒肉或是壽喜燒的份量。其他像是優格、牛奶、蘋果、香蕉、奇異果、橘子等每天會吃一碗左右的份量。」

每天控制鹽分攝取、多吃有抗氧化作用和膳食纖維多的水果，並使其養成習慣的話，就能有效地降低罹癌風險。

「在發現自己罹癌前，我會吃很多甜食，也常常暴飲暴食，但自從改變飲食模式後發現身體狀況變好了，對治療的影響很大之外，體重也減10公斤以上，今後我也會持續下去。」

只喝味噌湯也有效果，但若能像鳩原小姐一樣在其他飲食上也下工夫的話，可望進一步降低罹癌風險。請務必參考。

112

# 第 4 章

# 飲食的 6大誤解

社會上有非常多關於癌症的錯誤資訊，
飲食當然也不例外。
接下來會介紹說明許多人都搞錯的
「和癌症有關的飲食誤解」。

飲食誤解 1

# 食物可以消滅癌症

在書店裡可以看到許多以癌症患者為讀者群和飲食方法、食譜有關的書籍，其中也有不少書籍是經由醫師、營養師等專家監修，非常有說服力，相信有不少讀者因此而購買了這些書籍。

但是仔細看，就能發現很多書籍裡刊載的是沒有科學根據的資訊，我實在是非常驚訝內容亂七八糟的書籍到底為什麼能夠出版。

提升飲食的質量，可以提高罹癌患者的生存率，也能有效支持癌症的治療，但是飲食無法消滅癌症。事實上，世界各地有許多關於飲食和癌症的動物及人體研究，但到目前為止還**沒有科學根據能夠證明特定的飲食可以消滅癌症**。

若「飲食可以提高癌症患者的生存率」，可能會有人認為那麼癌症就會變好（＝消失）？但其實癌症患者的死因不是只有癌症。癌症容易引起血栓，因心肌梗塞、腦梗塞等其他原因死亡的患者不在少數。提高飲食的品質可以減少這些疾病的風險，進而提高生存率。

「癌症消失」這句強力的話語，容易讓患者誤以為不需要痛苦的化療或接受有風險性的手術，只需要靠飲食就能治療癌症，而輕易地放棄了該有的標準治療。癌症治療的選擇與生命有直接的關聯，所以必須說清楚。

本書介紹的不是「讓癌症消失」的飲食方法，而是「降低罹癌風險」以及「即使罹癌也能長壽」的飲食方法。

本書是整理了有科學根據的飲食方法的「有關癌症的飲食書籍」，至少在日本國內還算是少見的書籍。

## 飲食誤解 2

## 胡蘿蔔汁對癌症有幫助

提到對預防癌症有幫助的蔬菜,應該有不少人會想到胡蘿蔔。理由是癌症飲食療法中知名的葛森療法推薦喝大量的胡蘿蔔汁。其實正式的葛森療法是一天要喝13杯以上使用新鮮蔬菜和水果的鮮榨果汁。

胡蘿蔔的確含有豐富抗氧化作用的β-胡蘿蔔素,可以有效地預防體內的氧化,但是查了世界上的研究,關於「胡蘿蔔汁和癌症」的論文卻非常地少,就連可以使癌症縮小、消失的病例報告也沒有。有個比較實驗,讓乳癌患者連喝三週胡蘿蔔汁,氧化壓力的確減少了,但發炎指數卻毫無變化,**沒有得到對預防癌症有幫助的證據。**

不過即使如此,也不能完全否定這項輔助醫療。胡蘿蔔對健康的確有益

處，若相信其對癌症有效的話，也許能發揮安慰劑的效果。不過，有幾點需要特別注意。

話說回來，讓癌症患者每天喝大量的胡蘿蔔汁根本很難辦到。**假使真的喝足量，肚子也會脹到無法攝取其他必要的食物，根本就本末倒置。**

而且，胡蘿蔔在蔬菜當中含糖量屬於前段班，打成汁後還去除了膳食纖維，更容易讓血糖上升，血糖上升導致胰島素分泌反而加速癌症惡化。糖尿病患者需要特別注意。

癌症患者最好多吃含有膳食纖維的食物，所以比起胡蘿蔔汁，最好生吃或是吃料理過的胡蘿蔔比較好。第27頁也有介紹，直接吃胡蘿蔔可以預防各種癌症，所以請不要喝胡蘿蔔汁，而是直接吃胡蘿蔔吧。

117　第4章　飲食的6大誤解

## 飲食誤解 3

# 「斷食」對癌症有效

近年，因為藝人提倡斷食廣為人知。從數小時到數日的斷食健康法，最一開始是被當成瘦身方法而受到注目，但最近大家才知道斷食其實和疾病的預防與治療有關。

那麼，斷食對癌症也有效嗎？「斷食對癌症有效嗎？」這樣的疑問。

所以，斷食真的對癌症有效嗎？肥胖族群罹癌的風險本就比較高，所以透過熱量控制改善肥胖的確是有機會抑制癌症的發生。

另外，血糖上升時分泌的胰島素會因斷食而減少，可抑制癌症惡化。

斷食還會引發體內細胞進行自體吞噬，防止異常蛋白質的累積。實驗研

118

究結果顯示自體吞噬可以支持化療等癌症治療，不過也有效果不佳的結果出現，所以關於自體吞噬的效果如何還需要持續的研究。

近年關於自體吞噬和癌症進展以及治療關係的研究增加，不只進行了動物實驗，也實行了人體實驗，但是**目前臨床實驗的數據仍非常不足，所以至今無法確定斷食是否對癌症病患有效**。

勉強自己進行數日的絕食導致身體崩潰是本末倒置的行為，所以執行時請絕對不可勉強自己。

不過，第100頁詳細介紹過，太晚吃晚餐的話會使得罹癌風險上升，特別是癌症患者若持續高血糖狀態易加速癌症惡化，所以**晚上不進食的時間請盡可能地拉長為佳**。

## 飲食誤解 4

# 加速癌症惡化的食物

坊間有醫師主張有些食物會加速癌症的惡化，但是如果真有如此危險的食物，應該會直接被分類到致癌物裡才對。

現在，國際癌症研究機構所發表的被歸類為「人類致癌物」的食品，只有培根、香腸、火腿等加工肉品而已。而加工肉品也是需要長期過量攝取，才會提高罹患大腸癌等癌症的風險，絕對不會導致在短時間內就罹患癌症。

也就是說，**沒有食物會加速癌症惡化。**

另一個需要注意的是砂糖。加糖的甜飲料，以及糖分偏多的飲食容易提高罹患某些癌症的風險。不是所有的甜食都不能吃，而是需要控制會使得血糖急遽上升的食物攝取。

120

像是起司、優格等酸性食物，也有人提出容易導致癌症惡化。但是大部分的醫學研究，提到的「酸性食物」多是指「吃到腎臟無法負荷的量」的食物。而需要處理酸的量較少的食物屬於鹼性食物。

對腎臟來說，高酸性食物有魚、肉、起司等乳製品或蛋類，而數值較低的鹼性食物則有豆類、水果和蔬菜等等。起司等乳製品、魚類和肉類的酸性數值較高，所以抗氧化能力不高。

根據過去的研究，健康的人長年吃大量的酸性食物的話，罹患胰臟癌和乳癌的機率會變高，而根據五萬人的大規模調查，得知不管是多吃酸性食物的人還是多吃鹼性食物的人，死亡機率都是增加的。換而言之，**只吃酸性食物不好，反之只吃鹼性食物也不好。**

對癌症患者而言，「吃什麼」非常重要。沒有特定食物會導致癌症惡化，也不會有因為飲食而讓癌症發生戲劇性地痊癒的事情發生。

## 飲食誤解 5 化療時不能吃生食

接下來是癌症患者對於飲食的誤解。

化療時，因為副作用會使得免疫細胞的白血球數量漸少。免疫細胞的功用是當有細菌進入體內時，免疫細胞就會出來和細菌作戰，所以一旦白血球數量減少，就會無法抵抗感染。免疫細胞減少的狀態下，感染容易變成重症，引起全身細胞或臟器發炎進而引發敗血症，最糟的情況是導致死亡。

所以一般醫院會禁止化療中的病患吃生魚片等生食。我也有正在接受化療必須忌口不能吃生食的病患。

其他還有為了避免感染風險禁止和人的接觸、禁止去人多的地方、禁止養狗、養貓、養天竺鼠等寵物飼養限制。**然而這樣的限制反而可能會讓**

患者感到極大的壓力,事實上,如此嚴格的限制是否真有其必要?

以339位罹患急性骨髓性白血症並正在接受化療的小朋友為對象的研究,得知限制食物、與人的接觸以及寵物的飼養等,並不會降低感染症發生的機率。化療中的白血病患者本就免疫力不好,感染風險非常高,所以罹患其他種癌症患者想必也一樣符合這項研究結果。

綜合分析各種化療時的飲食限制相關研究論文,皆指出忌口並不會降低化療副作用所引發的感染。也就是說,**即使吃生食也不代表會增加感染的發生,所以不需要勉強忌口。**

不過,就算是健康的人也有可能因為吃生食而食物中毒,所以癌症患者最重要的是攝取新鮮的食物。蔬菜和水果請一定要用水好好地洗乾淨再食用,以降低感染的風險。

## 飲食誤解 6

## 保健食品沒有意義，只要考量飲食就好

最後是關於保健食品。

很遺憾目前沒有任何科學證據可以證明攝取特定的保健食品能治療癌症，但是，保健食品可以輔助癌症治療。首先，保健食品可以補充必要的營養素，防止體力變差以及營養狀況惡化，進一步提高免疫力，也有維持的作用，緩和化療副作用，以及提高癌症治療的效果。以此為標準，**我推薦的保健食品有左邊5項。**

**維生素D**是少數根據臨床實驗確認可以延長患者生存時間的保健食品之一，對血液裡維生素 D 含量低的癌症患者有效。

EPA是 Omega-3 脂肪酸的一種，可以促進血液循環預防心血管疾病，

124

是對身體好的油。還能降低癌症的復發率以及死亡率，有改善發炎指數的效果，對癌症患者來說是必需營養素。

而無法好好進食的癌症患者，同樣也常會缺乏維生素與礦物質，補充**綜合維他命＋礦物質**的保健食品，可以使其轉換成提高代謝與補充營養的能量。

**褪黑激素**可以調解體內時鐘，能讓身體自然入眠，也能阻止致癌以及癌症惡化。特別是乳癌和前列腺癌，對與賀爾蒙有關的癌症特別有效果。

**薑黃**裡含有一種名為薑黃素的多酚，能有效抑制癌症，但因為是脂溶性所以吸收效果很差，需選擇含量多的保健食品。

最後是特別需要注意的地方。

保健食品是用來補充飲食缺乏的營養素，好好攝取飲食才是最重要的。

而市面上有針對癌症患者的高價保健食品，請特別小心。如果覺得保健食品與身體不合時請馬上停止，並與主治醫師討論。而最重要的是，既然補充了保健食品，就請相信並持續下去。

# 結語

「為了不罹癌，吃什麼比較好呢？」

「有推薦癌患者吃的食材嗎？」

很遺憾，多數醫師面對這類的提問無法給出答案。這是因為醫師忙於治療患者之外，還必須投入自己專門領域的研究，所以沒有時間研究癌症與食物之間的關係。

也有不少醫師認為食物無法治療癌症，不要說無法回答，甚至可能還會有「不需要在意這種事情」如此回覆的醫師吧。也有會說出「吃了這個癌症就會消失」這類奇怪資訊的醫師。不過，因為現在是兩個人中就會有一人罹癌的時代，多數人都會特別注意癌症。

我在看診時，也曾遇過患者問我「吃什麼比較好？」，我認為此時如果

回答患者「我不知道」，或是「不用在意這個沒關係」，從身為醫師的角度來看是很不負責任的。

因為會有患者問我這個問題，所以從6至7年前開始我便積極地調查蒐集癌症和飲食相關的資料。結果發現，以前少見的飲食相關的科學數據最近開始激增。以前在飲食研究上投入資金的企業很少，不過可能因為以美國和歐洲為中心，認為與飲食有關的大腸癌正在增加，所以飲食研究的經費變多了。我認為這樣可以傳達有用的資訊，所以在 YouTube 上發表超過了 100 支關於飲食和癌症的影片。

本書是以這些影片為基礎製作的書籍。編輯認為既然都要出版，不如請料理專家使用推薦的食材製作料理食譜，並載入書中。而我自己也按照食譜做了幾道湯品，真的非常簡單又好吃，若是這樣的料理應該能夠持續做下去吧。

希望這本書能為你的健康飲食生活帶來一些幫助。

佐藤典宏

國家圖書館出版品預行編目資料

戰勝癌症長壽湯：日本名醫抗癌神湯！1日1湯，輕
鬆打造抗癌防老體質 / 佐藤典宏作；林萌譯. -- 初版.
-- 臺北市：平安文化, 2025.04　面；　公分. --（平安
叢書；第836種）(真健康；70)
譯自：がんにも勝てる長生きスープ
ISBN 978-626-7650-22-6（平裝）

1.CST: 食譜 2.CST: 湯 3.CST: 癌症 4.CST: 健康飲食

427.1　　　　　　　　　　　　　114002748

---

平安叢書第836種

真健康 70

## 戰勝癌症長壽湯
### 日本名醫抗癌神湯！
### 1日1湯．輕鬆打造抗癌防老體質

がんにも勝てる長生きスープ

GAN NIMO KATERU NAGAIKI SOUP　by NORIHIRO SATO

Copyright © NORIHIRO SATO, 2023
All rights reserved.
Original Japanese edition published by SHUFU TO SEIKATSU SHA CO.,LTD.
Complex Chinese translation rights reserved by PING'S PUBLICATIONS, LTD.
This complex Chinese edition published by arrangement with SHUFU TO SEIKATSU SHA CO.,LTD., Tokyo, through Haii AS International Co., Ltd.

作　者—佐藤典宏
譯　者—林萌
發 行 人—平　雲
出版發行—平安文化有限公司
　　　　　台北市敦化北路120巷50號
　　　　　電話◎02-27168888
　　　　　郵撥帳號◎18420815號
　　　　　皇冠出版社(香港)有限公司
　　　　　香港銅鑼灣道180號百樂商業中心
　　　　　19字樓1903室
　　　　　電話◎2529-1778　傳真◎2527-0904

總 編 輯—許婷婷
副總編輯—平　靜
責任編輯—蔡維鋼
行銷企劃—薛晴方
美術設計—單　宇
料理攝影—廣瀬靖士
著作完成日期—2023年
初版一刷日期—2025年04月

法律顧問—王惠光律師
有著作權．翻印必究
如有破損或裝訂錯誤，請寄回本社更換
讀者服務傳真專線◎02-27150507
電腦編號◎524070
ISBN◎978-626-7650-22-6
Printed in Taiwan
本書定價◎新台幣350元 / 港幣117元

●【真健康】臉書粉絲團：www.facebook.com/crownhealth
●皇冠讀樂網：www.crown.com.tw
●皇冠Facebook：www.facebook.com/crownbook
●皇冠Instagram：www.instagram.com/crownbook1954
●皇冠蝦皮商城：shopee.tw/crown_tw